艺术与设计系列

PLANNING
AND DESIGN OF LANDSCAPE

景观
规划设计

刘 星 主编
徐 俊 白 雪 参编

中国电力出版社
CHINA ELECTRIC POWER PRESS

内容提要

本书详细介绍了景观规划设计的基本概念与发展状况，并结合设计构成要素、设计细节及设计类型等，讲解其设计的具体表现形式、方法和设计类型的具体划分，让读者对景观规划设计有更加全面的认识。同时书中集结了国内外优秀的景观规划设计案例，引入大量设计图纸进行类比与分析，旨在有助于学习景观规划设计的内容与流程。书中通过图解形式贯穿全文，对知识点进行加强与巩固，并将案例与实践相结合。本书适合作为高等院校环境设计、园林景观设计专业教材，同时也适合园林景观设计师与施工人员参考。

图书在版编目（CIP）数据

景观规划设计／刘星主编. —北京：中国电力出版社，2020.3
（艺术与设计系列）
ISBN 978-7-5198-4145-4

I.①景… Ⅱ.①刘… Ⅲ.①景观规划－景观设计Ⅳ.①TU983

中国版本图书馆CIP数据核字（2020）第022272号

出版发行：中国电力出版社
地　　址：北京市东城区北京站西街19号（邮政编码100005）
网　　址：http://www.cepp.sgcc.com.cn
责任编辑：王　倩　乐　苑　（010-63412380）
责任校对：黄　蓓　闫秀英
责任印制：杨晓东

印　　刷：北京博海升彩色印刷有限公司
版　　次：2020年3月第1版
印　　次：2020年3月北京第1次印刷
开　　本：889毫米×1194毫米　16开本
印　　张：10
字　　数：265千字
定　　价：68.00元

前 言
PREFACE

从传统意义上看，景观规划设计不仅包括传统的建筑技术和艺术，还包含传统的园林技术与艺术，且涵盖的内容广泛，涉及的因素也有很多。景观规划设计强调精神文化与历史文化相结合，要求从业人员具备更高的综合素质。

在进行景观规划设计之前，我们必须了解景观规划设计以及景观规划与景观生态之间的关系，并在设计过程中寻求人类需求与户外环境的协调。此外，景观规划设计还须强调生态、风景、旅游于一体，并讲求经济性、实用性、生态性和美观性。

目前，随着现代化和城市化进程的加快，景观规划设计逐渐受到城市规划和建筑学专业的影响。在景观感受以及景观艺术性等方面出现了新的表现形式，且随着现代城市密度增大以及环境情况的变化，景观规划设计的要求也会相应有所改变。因而在景观规划设计中要善于利用有限的土地，见缝插"绿"，利用城市规划中的一些剩余用地，来创造视觉效果更好的景观。本书注重全面讲解景观规划设计，从宏观到微观、由浅入深，使阅读者能够更细致、更透彻地了解景观规划设计，并能在现有的行业标准规范体系下，进一步地广泛推广景观规划设计的内容与设计理念。

书中从景观规划设计概述开始，由表及里，全面地讲解景观规划设计的原则、设计方法、设计程序、设计特征、设计表达以及设计表现等。此外，本书还讲解了景观规划设计的历史发展、空间关系、构成要素、细节设计以及相应的设计类型。其中景观构成要素包括山石、水景、构造与绿化；细节设计包括地面铺装、景观雕塑、景观小品、滨水景观以及小型建筑构造；设计类型则包括城市公园规划设计、城市街道规划设计、城市广场规划设计、风景旅游区规划设计和私家庭院规划设计。

本书重点总结了景观规划设计的特点，结合传统景观规划设计精华，提出当今景观规划设计的创新方向，在现有景观设计模式的影响下，创造出更具时代特色的景观作品。同时书中不间断地穿插补充要点和小贴士，使读者将注意力放在景观规划设计的技术要领上，并在每章节配优秀案例解析与本章小结，拓宽读者的知识面，丰富本书的编写形式。

本书在编写时得到了广大同事、同学的帮助，在此表示感谢。他们有：万丹、汤留泉、董豪鹏、曾庆平、杨清、袁倩、万阳、张慧娟、彭尚刚、黄溜、张达、童蒙、柯玲玲、李文琪、金露、张泽安、湛慧、万财荣、杨小云、吴翰、董雪、丁嘉慧、黄缘、刘洪宇、张风涛、杜颖辉、肖洁茜、谭俊洁、程明、彭子宜、李紫瑶、王灵毓、李婧妤、张伟东、聂雨洁、于晓萱、宋秀芳、蔡铭、毛颖、任瑜景、闫永祥、吕静、赵银洁。

本书配有课件文件，可通过邮箱designviz@163.com获取。

编者

目 录
CONTENTS

第一章
景观规划设计基础

识读难度： ★★☆☆☆

重点概念： 概述、设计原则与方法、设计特征、设计表达与表现、工具

章节导读： 景观规划设计是一门既古老又崭新的学科，它的存在和发展一直与人类的发展息息相关，了解景观规划设计的原则、方法、特征及具体的表现方式，可以加强对景观规划设计的理解。景观规划设计的产生和发展有其深刻的背景，它是关于景观的分析、规划布局、改造、设计、管理、保护和恢复的科学与艺术。因此，要不断充实景观规划设计的概念和实践范畴，并与不同国家和地区进行比较，由此设计出符合地域性与时代性的设计作品。

第一节　景观规划设计概述

景观规划设计是依据景观所处区域的地理位置、地形地貌、气候环境以及经济状况等因素，按照公众的意愿改变和设计景观的结构、形态与功能的整体布局过程。

一、概念

景观规划设计所包含的设计内容比较多，如地面铺装设计、山石设计、水景设计、构造设计、绿化设计、景观雕塑设计、景观小品设计以及滨水景观设计等，所应用的范畴也十分广泛，城市公园、街道、广场以及风景旅游区等都在景观规划设计范围之内（图1-1、图1-2）。

★小贴士

景观设施包含的内容

1.信息交流系统，如小区示意图、公共标志、报栏；

2.交通安全系统，如照明灯、交通信号、停车场、消防栓；

3.民用、休闲系统，如公厕、垃圾箱、候车亭、座椅、健身娱乐设施；

4.商业服务系统，如小卖部。

除此之外，还包括无障碍通道等。在设计时既要注意安全、舒适等共性特征，也要充分发挥各功能的个性特点，体现多样化的个性。

图1-1 景观规划设计应用——广场

景观规划设计具有长远性、全局性、战略性、方向性及概括性等特点。广场在进行景观规划设计时要考虑与周边建筑的协调性以及距离住宅区的远近度等。

图1-2 景观规划设计应用——公园

景观规划设计还强调空间的布局和功能的划分。公园在进行景观规划设计时，可通过改变基础地形，种植不同品类的植株，创造具有特色的建筑以及布置不同形式的园路等，以此丰富公园设计内容。

图 1-1 ｜ 图 1-2

图1-3 景观规划区域划分功能区

划分功能区时，要参考地理环境，并使景观区域形成一个互相联系、布局合理的有机整体，以此保证景观区域的社会效益和环境效益。

图1-4 景观规划区域中的道路系统

景观区域的交通系统包括交通道路系统和游憩道路系统。设计在满足道路交通、集散、引导游览等特定功能要求的前提下，还应灵活地利用直线、曲线、折线及弧线等多种形式，巧妙串联各个功能区，创造美好景观环境。

图1-3
———
图1-4

二、内容

景观规划设计主要包括以下几方面的内容。

1.确定设计的主题

景观规划设计需要突出主题，在设计初期就必须明确主题，并能依据主题在有限的景观空间内创造出具有特色和人文魅力的景观意境。

2.划定功能区

在景观规划设计的整个过程中，功能区的划定显得尤为重要，设计时需要依据景观所属区域的地理位置、自然资源状况、气候状况、自然环境条件以及社会需求等因素对景观区域进行合理的分区，并赋予景观区域一定的功能性和审美性（图1-3）。

3.设定与细化道路交通网

道路交通网不仅在都市中有极大的作用，对于景观规划设计也有着同样的重要性。四通八达的道路交通网能够连接景观区域内各个功能区，并能有效引导游客游览景观区域，是景观规划的骨架之一（图1-4）。

4.规划景观各要素

景观规划设计中的各要素主要包括水景、景观设施以及植被景观等，设计时应依据不同的形式对其进行规划，必须在宏观上把握景观要素的规划。

5.创造视觉景观形象

景观规划设计应根据美学规律，以科学地利用空间实体景观为设计依据，对其进行深入研究，以求创造出令人流连忘返的景观形象。

第二节 景观规划设计原则

景观规划设计必须与自然相融合，且能很好地为人类服务，既能创造一定的文化价值，又能创造一定的经济价值。景观规划设计需在尊重人的基础上，关怀人、服务人。景观规划设计必须遵循以下原则。

一、以人为本原则

一个优秀的景观规划设计是人与自然、人与文化的和谐统一。不可否认的是，景观规划设计能通过人性化的设计，为公众提供满足舒适、亲切、轻松、愉快、自由、安全的氛围和充满活力的体验空间，这也是以人为本原则的具体体现（图1-5）。

图1-5 为公众服务的景观设施

图1-6 景观生态建设

图 1-5
图 1-6

二、可持续发展原则

可持续发展原则具体表现在两方面：一是经济效益的可持续发展，二是生态环境的可持续发展。在进行景观规划设计时要将生态可持续发展置于首位，这对于创造更高质量和更高安全性的景观环境有很大的益处（图1-6）。

为了更好地实行以人为本的原则，景观规划设计须充分考虑使用者的生活习惯与基本要求，并结合使用者的想法和观念对景观区域进行综合提炼、概括和适当的修整，通过以人为本的设计形成绿色的可持续发展空间，并提高公众生活品质。

景观规划设计应重点营造良好的生态服务系统，设计要尊重物种的多样性，合理地利用自然资源，并保持土壤营养，避免因经济开发而造成生态地形和地表植物等被破坏。必须明确，景观规划设计的最终目的是为了营造一个健康、绿色、环保的生活环境。

景观规划设计的**整体性原则**包括景观规划设计的内在与外在特征，设计要求从整体上确立景观的主题与特色，但同时必须强调景观局部个性的表现，以便能更好地彰显景观规划设计的灵活性与多样性，也可避免因过于统一而造成的单调与呆板。

图1-7 具备整体性的景观

三、地域性原则

景观规划设计的地域性原则主要体现在设计须以景观所属区域的自然地域特征和地域社会文化特征为参考依据，并合理利用景观区域内的地形地貌、河流湖泊以及绿化植被等景观资源，在确保人与自然能够和谐相融的基础之上，设计出有助于加深地域特色的景观作品。

四、经济实用性原则

景观规划设计还须创造一定的经济价值，这也是景观能够长久发展的必要因素。由于景观是面向公众，且服务于公众，设计必须具备一定的实用功能，且这些功能也须具备相应的经济价值。

五、便利性原则

景观规划设计的便利性原则具体表现在设计所包含的道路交通组织、公共服务设施的配套服务等必须具备一定的便利性，同时在不同的功能分区能够满足公众的不同需求。为了更好地实行该原则，设计可依据公众的生活习惯、活动特点等采用合理的分级结构和宜人的尺度，使小空间内的公共服务半径最短，公众来往的活动路线最顺畅。

六、整体性原则

整体与统一有异曲同工之处，景观规划设计所遵循的整体性原则是在保证景观和谐、统一的前提下突出景观内各元素的特色（图1-7）。

★小贴士

风景旅游区规划设计注意事项

在进行风景旅游区的规划设计时切勿盲目模仿，切勿一味地追求高档、奢华，要遵循自然的规律，设计必须要坚持以人为本的原则，要考虑观光者的心理。

七、美学原则

景观规划设计的美学原则主要体现在多样与统一、主从与重点、对比与相似、均衡与稳定、韵律与节奏以及比例与尺度中，设计要符合艺术美的规律，并对景观区域的资源进行合理搭配，通过艺术构图来体现景观元素个体和群体的形式美（图1-8~图1-13）。

八、创新性原则

景观规划设计还须遵循创新性原则，即设计要在传统的基础上有所发展，并能多角度、多形式地处理好景观规划设计中的色彩、形式以及空间分区等。

九、文化性原则

文化性原则是景观规划设计的历史基础，这赋予了景观不同于其他设计的人文魅力。此外，文化元素的运用也可以更好地将悠久的传统文化和现代生活所需要的美学价值巧妙地结合在一起。

图1-8 多样与统一

在景观规划设计中，要在统一协调的基础上，使景观元素有所变化，以此使景观丰富而协调。

图1-9 主从与重点

在景观规划设计中，要处理好主景与配景的关系，通过配景突出主景，以使景观具有独特的艺术美。

图1-10 对比与相似

景观规划设计可利用对比突出某一景物，使设计变得丰富；还可利用相似来协调景观中的不同元素。

图1-11 均衡与稳定

均衡有利于掌握景观规划设计布局中的轻重关系，稳定有利于掌控其整体上下轻重的关系。

图1-12 韵律与节奏

韵律与节奏可采用点、线、面、体、色彩和质感等造型要素来实现，这也能使景观具备秩序感和运动感。

图1-13 比例与尺度

比例与尺度的合理运用能更恰当地凸显设计主题，设计中尺度的设定应以人为基准。

图 1-8	图 1-9
图 1-10	图 1-11
图 1-12	图 1-13

第三节　景观规划设计程序与方法

景观规划设计是多项工程互相配合与协调的综合设计，设计时要运用好各类景观要素，设计之前要收集各方资料，并注意及时汇总分析。

一、设计程序（图1-14）

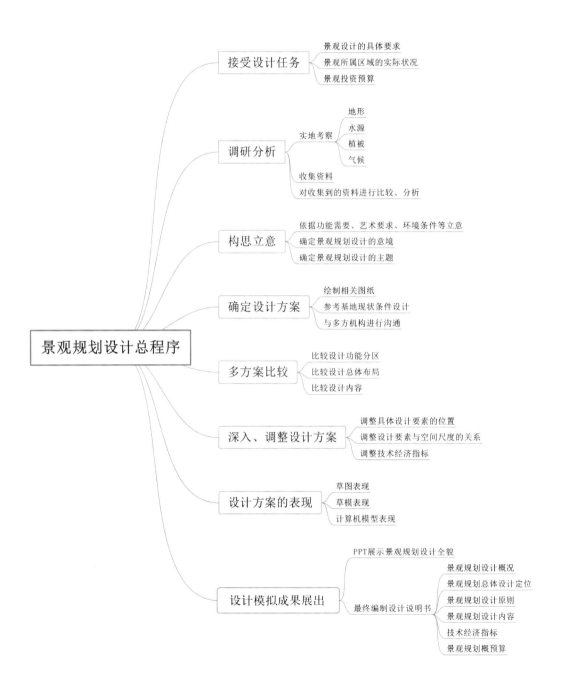

图1-14 景观规划设计程序

景观规划设计程序中的设计说明内容应涵盖设计依据、设计图纸、项目描述、具体技术指标和前期调查的基础资料等，其中设计图纸应包含总平面图、交通道路分析图、竖向设计图、种植平面图、水景设计图、铺装设计图、园林景观小品、配套设施图、给排水图、电气图以及相关立面详图等。

二、设计方法

景观规划设计需要将自然元素和人工元素巧妙地结合在一起，营造一个完整、开放的景观空间，首先就必须明确这些元素所包含的内容以及具体的设计方法。在进行景观规划设计时，可通过艺术布局以及多样造景的形式来有机地对景观空间进行布局，以求创造一个更具时代特色的景观空间。

1.艺术布局

艺术布局主要可分为规则式布局、自然式布局和混合式布局，而组成这些布局方式的元素多种多样，具体见表1-1。

表 1-1　　　　　　　　　　　　　　　　艺术布局具体表现形式

设计元素		中轴线	地形	水体
图例				
设计细节	规则式布局	这种布局方式有明显的中轴线，大部分以中轴线的左右前后对称或拟对称布置	平坦地段，可由不同高度的水平面及低坡平面组成；山地及丘陵地段，可由阶梯式的水平台地倾斜平面及石阶组成	水体的类型有整形水池、整形瀑布、喷泉及水渠运河等，部分会配有形象生动的雕塑
	自然式布局	无	多以自然特色为主，所受拘束不多，一般是自然起伏、和缓的微地形	水体的主要类型有湖、池、潭、沼、汀、溪、涧、港、湾、瀑布、跌水等，其轮廓为自然曲折，部分会运用山石衬景
设计元素		广场	街道	建筑
图例				

| 设计细节 | 规则式布局 | 造型多为规则对称的几何形，且设计主次分明 | 街道均为直线形、折线形或几何曲线形，部分以对称格局分布在景观区域内 | 主体建筑群和单体建筑多采用中轴对称均衡设计，并与广场、街道相呼应 |
| | 自然式布局 | 建筑前广场为规则式，其他景观区域的景观多为自然式，造型比较自由 | 街道的走向、布局多依据地形而定，一般呈现自然的平面线和竖曲线 | 单体建筑多为对称或不对称布局；大规模的建筑群多采用不对称均衡布局，部分建筑区域依旧设有轴线 |

设计元素		种植	景观小品	
图例				
设计细节	规则式布局	种植采用中轴对称的格局，并以等距离行列式、对称式为主种植树木；树木造型多以整形为主，花卉布置多以图案为主	景观小品多布局在中心轴线的起点、焦点或终点，其中景观雕塑多与喷泉、水池等构成水景	
	自然式布局	绿植不成行成列栽植，树木配植多以孤植、丛植、群植、密林为主要形式；花卉的布置以花丛、花群为主要形式	景观小品包括假山、石品、盆景、石刻、砖雕等，雕像的基座多为自然式，小品的位置多配置在透视线集中的焦点上	

★小贴士

混合式布局

混合式布局是将规则式布局与自然式布局有机融合，整个混合式布局的景观区域内没有主中轴线和副轴线，只有局部景区建筑以中轴对称布局。此外，混合式布局的景观空间一般多会结合地形和当地的自然资源条件设计，在原地形平坦处，可依据总体规划进行规则式布局，在原地形条件复杂、起伏不平的丘陵、山谷、洼地等区域，则会结合地形进行自然式布局。

2.多样造景

多样造景的设计方法可以帮助创造一个内容更丰富的景观空间，景观规划设计的造景方法主要包括对景、借景、障景、漏景、框景、夹景、隔景及点景（表1-2）。

表 1-2
多样造景方法

造景方法	对景	借景	障景
图例			
设计细节	设计是从一个观景点观察另一观景点，而观景点本身又是景点；设为对景的两个观景点，必须设计巧妙，才能相互映衬	借景借助了一定的组景手段，主要通过将其他空间景物纳入所设置的组景范围内来达到观景的目的	障景也称作抑景，主要利用若隐若现的手法，对景物进行必要的遮挡；障景可用植物、山石等构成景观屏障
设计元素	漏景	框景	夹景
图例			
设计细节	通过稀疏的植物群落或栏杆来凸显前景物，以此增强游览者的好奇心与参与感	设计依据特定视点，利用窗框、岩洞、墙洞等透视景物，这种造景方法能增强景观立体感	设计主要是在主景前置一左右遮挡的狭长空间，可利用树木、建筑、山石等凸显出纵深感
设计元素	隔景	点景	
图例			
设计细节	主要利用隔墙、植篱以及繁密的树木将景物划分为不同的景观空间，还可利用竹篱、植物等	设计通过点缀的方法来装饰景物，凸显出景观的精华和境界	

第四节　景观规划设计特征

景观规划设计特征主要包括生态性、历史性、民族性、美观性、社会性、经济性和地域性，这些设计特征要能在景观要素中加以体现。

一、生态性

景观规划设计在水文、土壤、地质、地貌、地形和气候等方面都具有深刻的复杂性，由于人类生活需要，城市化进程不断加快，受其影响，景观规划不断得到创新，但这种高速的开发也对生态区域产生了巨大的影响，景观生态区域不断被扩大，生态链受到破坏，生物多样性受到影响，为了缓解这种状况，设计时必须将湿地保护、动植物多样性的保护放在首要位置（图1-15、图1-16）。

二、历史性

追溯历史不难发现，景观规划设计在不断发展，但始终具有文化特色，设计不仅具备历史价值，同时能够教育公众，能够陶冶公众的情操。景观规划设计随着历史的变迁以及时代科技的碰撞，不断吸收国内外优秀的设计经验，其发展也越来越趋向系统化和时代化。

三、民族性

民族是文化发展的基础，景观规划设计必须重视和充分发挥各民族传统文化和宗教差异特色，并不断创新设计方式，将各民族文化特色有机融合。

四、美观性

景观规划设计归根结底还是要服务大众，要能提高公众审美，因此设计必须具备一定的美观性。景观空间的美观性不仅能够展现丰富的视觉效果，同时也能加强对各种景观元素的利用，而通过强化景观设施，完善景观整体生态系统，这种美观性也由此得到了升华（图1-17）。

图1-15 生态化的开发

景观规划设计中所具备的生态性能够帮助我们更好地保护和改善生态环境，同时也有利于人类和其他物种和谐共存。

图1-16 环境评估

景观在建设前必须建立环境评估机制，确定对环境无影响才能继续开发，且还要建立素质培养机制、人员更新机制等，不断增强公众的生态保护意识和使命感。

图 1-15 | 图 1-16

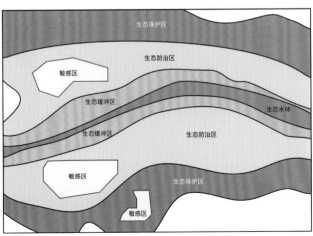

滨水景观设计以水为主，水的纯洁与美好被所有人所推崇喜爱，水的坚韧性、无私性及科学性给予了景观设计更多的创意和魅力。

图1-17 滨水景观

五、社会性

景观规划设计的社会性主要体现在两方面：一是设计要以人为本，能够创造一个亲切宜人的公共环境；二是设计所包含的项目能够很好地体现社会文化，既能促进公众之间的人际交往，同时也能增强公众的公共参与感（图1-18）。

六、经济性

景观规划设计的经济性是指所有的设计项目必须适应未来生活的发展需求以及要符合地方经济条件，同时还须合理利用土地资源，并结合新技术，创造性价比更高的景观空间。

七、地域性

景观规划设计的地域性主要体现在设计应该因地制宜，不仅要体现当地自然环境特色，同时也要展现当地特色的文化气息，以便能更好地创造富有地域特色的景观环境。

景观规划设计中有许多的服务设施，如座椅、凉亭、电话亭、卫生间等，此外还有一些亲水设施和娱乐设施，这些设施可以使公众在一个轻松、愉悦的环境下进行沟通。

图1-18 服务性景观设施 - 亲水平台

第五节　景观规划设计表达

景观规划设计所涉及的学科比较丰富，涉及的内容也多种多样，设计主要从地形、道路、空间、水体、植被、建筑以及景观小品发散开来。

一、地形

地形是景观规划设计中不可或缺的要素，地形地貌是景观规划设计最基本的场地和基础，在进行景观规划设计时，可从地形的设计手法来表达景观的特征。地形一般可分为平地、坡地及山地，其中坡地因其坡度的不同又有缓、中、陡之分。

二、道路

道路在景观空间中无处不在，不论是水边绿地，还是广场绿坪，在设计时都须考虑其与景观空间之间的联系。景观道路因其设计造型的不同，主要可分为自由式、曲线式、直线式及规则式等，但都须贯通整个景观空间（图1-19）。

三、空间

景观规划设计中的空间主要可分为步行空间、驻留空间、听觉空间及视觉空间，同时这些空间又有静态和动态之分，设计时需要依据公众对不同空间的兴趣程度，对其进行具体的规划布局。

四、水体

由水体所组成的水景是景观规划设计中一道亮丽的风景线，它不仅可以拉近公众与自然之间的距离，同时可以与其他景观元素有机结合，形成一个具备独特艺术风格的景观空间。水景一般分为自然水景和人工水景，设计时可选择将自然水景与人工水景融合，还可将静态水景与动态水景进行组合设计。

景观规划设计中的道路决定了整个景观空间之间的位置关系，道路的规划布置，在一定程度上反映了景观风格。设计除了要创造一个舒适、愉悦的通行空间外还需合理安排交通脉络网，并在其周边设置相对应的绿植。

图1-19 道路

图1-20 植被

设计时可利用植被的色彩差别、质地等特点形成小范围的特色，此外，还应强调设计的主景。

图1-21 建筑

建筑形式的设计要结合当地的民族特色和地区文化特色，注意均衡布局。

图1-22 景观小品

景观小品要能给予公众一种视觉上的舒适感，不论是色彩还是造型都要以人的心理为参考点。

图 1-20	
图 1-21	图 1-22

五、植被

植被可以为景观空间提供观赏、分隔空间、装饰、防护以及覆盖地面等功能，植被还可保持水土、调节气候，能够帮助平衡景观区域开发与自然环境之间的紧张关系。景观规划设计中的植被主要包括木本植物和草本植物，植物配置可采用规则式种植和自然式种植两种方式（图1-20）。

六、建筑

建筑是另一种形式的立体景观，它具有一定的历史意义，同时可以给予公众美的享受以及文化的熏陶。建筑造型多种多样，景观中的建筑主要包括亭、廊、榭、舫、楼、阁、轩、馆、台、塔、厅、堂、桥等（图1-21）。

七、景观小品

景观小品作为景观规划中的细节设计，首先就必须具备一定的观赏性，其次必须具备服务性，景观小品作为延续历史的象征，还须具备一定的历史含义。此外，在设计景观小品时多将其配置于整个景观空间透视线集中的焦点处，以此来点明设计主题（图1-22）。

★补充要点

植物的种植方式

植物的种植方式包括孤植、对植、列植、丛植、群植、林植和绿篱、花坛及花境等形式。其中林植是成片、成块的种植；花坛是在一定的几何轮廓植床内，种植不同的色彩观赏植物，以构成色彩缤纷的景观现象；花境是在长形带状并具有规则轮廓的种植床内，采用自然式种植方式配置观赏植物的一种花卉种植类型。

第六节 景观规划设计表现

景观规划设计主要可通过设计图纸和展示文件来表现，图纸内容须尽可能详尽。

一、常用工具与纸张（表1-3）

表 1-3　　　　　　　　　　　　　　　景观规划设计常用工具与纸张

分类	名称	图例	特点
手绘工具	绘图钢笔		钢笔可用于速写，线条表现能力强，能够清楚地表现设计对象的造型和明暗层次，既能赋予景观设计艺术美，又能长久保存
	彩铅		彩铅的色彩丰富，可以表现出轻盈、通透的质感，一般分为蜡质彩铅和水溶性彩铅，其中水溶性彩铅比较适合绘制景观建筑
	马克笔		马克笔可以绘制快速的草图，也可对其进行深入细致的刻画；马克笔色彩丰富，但对绘图所用的纸张有所要求，它的笔尖一般有粗细多种，可依据笔尖的不同角度，画出粗细不同的效果
	水彩笔刷		水彩笔刷一般是用极细的尼龙纤维做成的笔，它的弹性强，耐摩擦，但对颜料的吸收力较差，比较适合水性涂料，一般适宜绘制植物、水景等水彩画，能够给人一种清透的感觉
	鸭嘴笔		鸭嘴笔主要用于细部描绘，勾勒和刻画，可用于绘制物体的高光部位
电脑绘图工具	AutoCAD		AutoCAD 是比较常见的绘图软件，可用于绘制景观空间内的平面布置图、地面铺装图、立面图及大样详图等

分类	名称	图例	特点
电脑绘图工具	SketchUp（建模）		SketchUp（建模）操作灵巧简单，在构建地形高差等方面可以生成直观的效果，可用于绘制景观规划设计的效果图。此外，Lumion（渲染）、Vray（渲染）均可用于为景观规划设计建模，并达到逼真的效果
	Photoshop（后期）		Photoshop 是一款图形处理软件，它可对建模之后的图形进行亮度、柔度、对比度等的调节，还能对景观效果图进行调整，使其更鲜亮，更具视觉魅力。此外，三维彩绘大师 Piranesi（后期）也可达到同等的效果
绘图纸张	普通复印纸		常用型号有 B5、A4、B4、A3、16K、8K 六种型号，复印纸是各种办公设备用纸中最为经济的纸张，多用于绘制草图
	拷贝纸		拷贝纸具有较高的物理强度，优良的均匀度及透明度，外表性质良好，纸质细腻、平整、光滑，日常改图快捷，可用于记录设计时的思路
	硫酸纸		硫酸纸是一种专业用于工程描图及晒版使用的一种半透明介质，表面没有涂层，纸面光滑，铅笔和水彩颜料着色不易，但马克笔的发挥良好，多用来制作底图，再通过底图晒制蓝图使用
	绘图纸		绘图纸是供绘制工程图、机械图、地形图等用的纸，质地紧密而强韧，半透明，无光泽，尘埃度小；具有优良的耐擦性、耐磨性及耐折性
	水彩纸		水彩纸的吸水性比一般纸高，纸面的纤维也较强壮，不易因重复涂抹而破裂、起毛球；由于水彩纸吸附能力强，使用马克笔表现时色彩不如在硫酸纸上艳丽，如若追求清新色彩的表现效果可以选择水彩纸

★小贴士

景观规划设计的设计表现图

景观规划设计的设计表现图主要分为设计草图、设计细节图、设计效果图以及设计模型等。

景观规划设计中的道路决定了整个景观空间之间的位置关系，道路的规划布置，在一定程度上反映了景观风格。设计除了要创造一个舒适、愉悦的通行空间外还需合理安排交通脉络网，并在其周边设置相对应的绿植。

图1-23 马克笔绘制景观规划设计效果图

二、手绘表现技法

1.线条技法

在手绘技法中，常用的线条分为快线与慢线两种，初学者建议用慢线手绘。此外，不同的绘图工具所表现出来的线条在粗细、质感以及最终表现效果上都会有所不同，因此要选择合适的工具来表现景观规划设计（图1-23）。

2.色彩技法

马克笔、彩铅以及水彩都能给予景观设计不同的色彩表现，马克笔上色后可以临摹景观实际的色彩，能够很好地突出景观规划设计的主题，也能使整体画面更具视觉冲击。用马克笔表现景观规划效果图时，笔触大多以排线为主，可运用排笔、点笔、跳笔、晕化、留白等方法进行效果图的细致描绘（图1-24）。

使用彩铅上色时要注意用笔的规律以及下笔的轻重度，设计可结合素描的线条绘制，彩铅一般会采用平涂排线法、叠彩法以及水溶退晕法来进行色彩的具体表现（图1-25）。

水彩色彩亮丽，上色时一般分干画法和湿画法两种。干画法具体表现为分层涂色、罩色、接色以及枯笔等，湿画则分湿的重叠和湿的接色，绘图时应根据设计对象选择合适的绘图方法（图1-26）。

图1-24 马克笔绘图

使用马克笔绘图注意颜色不可重叠太多，且应先上浅色再覆盖较深的颜色，以免出现翻色的情况。

图1-25 彩铅绘图

使用彩铅绘图需要先用铅笔画出对象的轮廓，然后再按照先浅色后深色的顺序进行效果图的绘制。

图1-26 水彩绘图

使用水彩绘图时要注意色彩的混搭，且上色时要分清涂层，并控制好涂层的层数和上色涂刷的厚度。

图 1-24 ｜ 图 1-25 ｜ 图 1-26

第七节 案例解析：景观小品规划设计

一、福州福清中联蓝天花园

1.背景介绍

中联蓝天花园位于福清市清泓街南侧，福人大道西侧。福清市全市总面积为2430km^2，其中陆域面积为1519km^2，海域面积为911km^2。中联蓝天花园地处福清"四横七纵"的交通网络中心，沿着福人大道、清泓街可方便顺畅地到达福清市任何一个区域（图1-27）。

中联蓝天花园占地约15 134m^2，总建筑面积达60 874m^2，建筑密度达到28%，容积率为3.04，绿地覆盖率达到了30%，该花园景观主要由4幢18～24层的高层住宅楼以及1幢3层的双拼别墅围合构成，总户数达331户。设计重视绿化，并以营造园林景观为设计目的，追求自然的设计美。

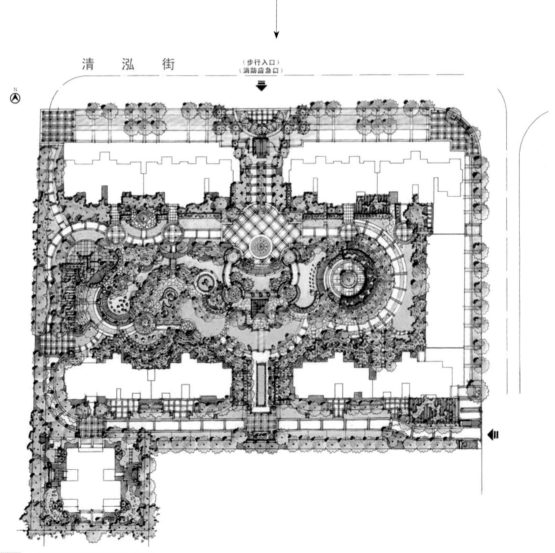

图1-27 中联蓝天花园景观规划设计图纸

2.实景分析（图1-28～图1-35）

花园中的绿化品种丰富，有低矮的灌木，也有一人高和几米高的常绿树，还设计有翠绿的草坪。隐藏于绿植中的孤石，浅浅的色彩，却又和红红绿绿的植株能够极好地兼容在一起，并为景观增添生气。

呈三足鼎立之式的灯柱，木质和石质的地面铺装，既有原始自然美，又具有现代人工美，且这三者的风格也与周边建筑相协调，能够使花园景观有效达到统一。

喷泉喷涌的白花映衬着黑色的喷泉底座，色彩的融合使得花园景观更具魅力，底座设计鳞次栉比，在阳光的照射下，使得喷泉更具灵动性。

以鹤为设计主题的景观小品完美地融合了生态开发的设计理念，水中若隐若现的石头也为花园增添了更多的灵动气韵，让生活充满无限情趣。

图1-32 具备欧式特色的休憩区域

图1-33 明亮的灯光

图1-34 灯光与植物相衬一

图1-35 灯光与植物相衬二

图 1-32 | 图 1-33
图 1-34 | 图 1-35

休闲亭整体设计风格偏欧式，顶界面并没有完全封闭，阳光可以透过顶面缝隙照射下来，能够营造一种温暖和煦的气氛。

无论是道路旁的灯还是草坪周边的灯，设计都控制好了灯间距以及灯亮度，在保证基础照明的前提条件下，还能营造舒适的景观气氛。

灯光源和种类的选择参考了公众的接受度，亮度合适，有效避免产生炫光，所设计的照明也能与花园内的植株相映衬，能够突出植株的特色和美感，同时能够创造一种流光溢彩的视觉感，并能由此增添花园魅力。

二、南昌海亮珑园示范区景观

1.背景介绍

南昌是江西省省会，总面积为7400km²（含水域），平原占35.8%，水面占29.8%，且地处长江以南，水陆交通发达，同时南昌先后有豫章（汉）、洪都（隋唐）等称谓，是历代县治、郡府、州治所在地，历史悠久，繁荣昌盛（图1-36）。

海亮珑园采用了新亚洲风格，设计主张以具有浓厚地域特色的传统文化为根基，并融入西方文化，整个项目占地约3.1万 m²，总建筑面积约6.8万 m²，由3栋高层、4栋洋房组成。整个园区依据地形、景观、风水规划成兵营式排布，并且楼体高矮略有差别。从建筑层面上来说，这样的规划在实现楼间距最大化的同时，也能使得每层楼都获得最大采光面，更加舒适通透。

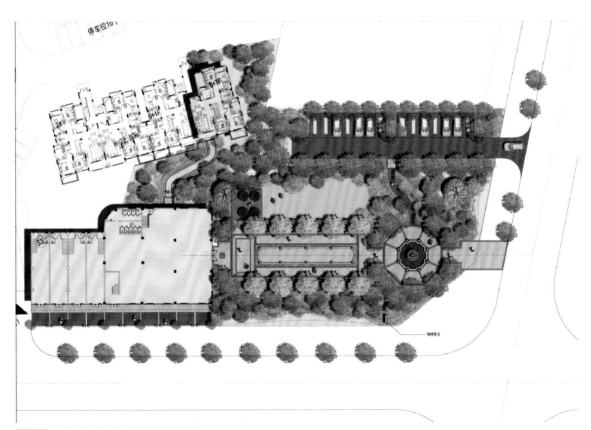

图1-36 南昌海亮珑园示范区景观规划设计图纸

图1-37 对称的绿植

绿植在布局时可采用对称的形式，一来可以平衡园区结构，二来也能使园区具备形式美。

图1-38 休憩区与绿化

休憩区置于绿化草坪之上，与绿植完美地融为一体，加深了人与自然的和谐度。

图1-39 园区外区的绿化

园区外区的绿化有序地分布于入口两旁，且均为一人高以上的常绿树，为整个园区景观带来无限生机。

图1-40 水景喷泉

喷泉为园区提供了观赏性和亲水性，同时能够与周边的高大绿植相搭配，实现动、静的有机结合，整体形成了一种明朗活泼的气氛，给人以美的享受。

图1-41 休息区

休息区位于绿化区域旁，顶部配有遮阳棚，具有较好的实用性，铁质的椅子也彰显了园区的时代性，红色遮阳棚与红色木地板巧妙融合，凸显出园区的色彩美。

	图 1-37
	图 1-38
	图 1-39
图 1-40	图 1-41

本章小结：

所有设计都必须遵循一定的设计原则和设计程序，而不同的设计又具有不同的设计内容和设计方法。景观规划设计与其他设计一样都必须参考当地的自然资源和人文资源，但不同的是景观规划设计要注重景观形象的塑造，设计还需注重水体、建筑以及绿植之间的平衡关系。

第二章
景观规划设计发展

学习难度： ★☆☆☆☆

重点概念： 中国景观、外国景观

章节导读： 不同国家有着不同的地理环境、气候环境及人文环境，不同国家的经济水平和设计需求都会造就不同的景观规划设计，悠久的历史成就了景观规划设计浓郁的文化气息，也赋予了景观规划设计不可比拟的艺术魅力。这些在历史长河中长期存在的设计元素有着其独特的魅力，在景观规划设计中可以充分运用这些元素，并结合景观现状，在科学理论的引导下创造出一个更具时代特色，更具生态化与平衡性的新景观规划设计。

图 2-1
图 2-2
图 2-3
图 2-4

滨水景观的孕育阶段始于大禹治水，这是人类与水的第一次亲密接触。

巴陵城楼临岸而立，登临可观望洞庭全景，用以操练水军。

滕王阁在范围扩大的基础上，又增添了"压江""挹翠"二亭，使得赣江东岸景观宏伟壮丽。

滨江大道集观光、绿化、交通及服务设施为一体，由亲水平台、绿化及景观道路等组成。

第一节　中国景观规划设计

本节就滨水景观、广场设计、景观雕塑以及地面铺装来详细地讲述中国景观规划设计的历史发展。

一、滨水景观设计

1.发展起源

中国是大陆型地理地貌，这决定了它必然是山地多、平原少、水泽少的天然地貌。在汉代，虽然建筑仍是台地式宫阙制，但由于初期的汉王尊老庄之说，所以在汉武帝的皇家苑囿"建章宫苑"中很早就出现了"一池三山"的模式，即是海外有三仙山，分别为蓬莱、方丈、瀛洲，这一模式开创了中国最早的池泉园的滨水处理先例。

2.历史演变过程（图2-1~图2-4）

（1）第一个演变阶段——中国古代。主要可分为中国滨水景观的孕育期，中国滨水景观的萌芽期以及中国滨水景观的发展期。

（2）第二个演变阶段——中国近代。中国近代是中国滨水景观发展的储备期，同时这段时间也是滨水景观受到损坏以及重新发展的重大转折期。

（3）第三个演变阶段——中国现代。主要可分为中国滨水景观的繁盛期和中国滨水景观的萧条期，这种变化也与当时中国的经济发展有很大的关系。

（4）第四个演变阶段——中国当代。主要分为中国滨水景观的调整期和中国滨水景观的完善期，随着改革开放进程的加快，越来越多的新技术被运用到滨水景观设计中来。

二、中国古代城市广场发展

我国城市广场发展较晚，由于历史文化背景不一样，广场的类型也不尽相同。广场的功能多为进行商品交易。

1.原始聚落广场形态

原始社会的人们大多以氏族部落聚居为主，被称为城市萌芽的聚居形态。以临潼姜寨为例，这个地区处于母系氏族社会，相当于仰韶文化早期，是距今六、七千年的原始村落，当时已经具有向心式的特征，村落分区明确，主要可分为居住、陶窑、墓葬三个区。在其居住区域内由五组建筑环绕着中心的一个圆形广场，每组建筑都以一座方形的大房子为中心，围绕它建有13～22座中小圆形或方形居住小屋，形成小团，团与团之间保持一定距离，分组明显（图2-5）。

2.具有市民情结的街市广场

中国古代城市中与市民生活最息息相关的，莫过于被称作"市"的地方了，老百姓的贸易、娱乐、交流多聚于此，称得上是中国古代的"市民广场"。此类空间既有早期集中大型的市场广场，也有后来分散于居住区中的"街市"，即放大节点式小型广场（图2-6）。

图2-5 原始聚落广场

所有房屋都朝向中心广场开门，这样的布局即为向心式布局，是部落精神的内聚，体现了氏族社会生产、生活的集体性以及成员之间的平等性。

图2-6 唐长安的东市与西市

在唐代都城长安，有"东市"和"西市"两大市场，"东市"在今西安交通大学一带，"西市"在今劳动南路一带。这两市场在当时起到了很好的贸易作用。

图 2-5 | 图 2-6

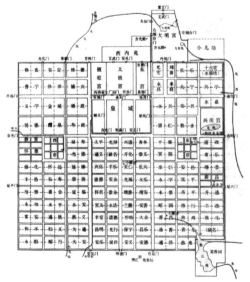

三、中国雕塑发展史

早在公元前4000年以前，中国就出现了原始时期的雕塑作品。具体的中国雕塑发展见表2-1。

表 2-1 中国雕塑发展

雕塑与发展		图例	特点
史前时期			以陶塑居多，也有少量石、玉等材料的雕刻，有的是独立的雕塑作品，有的则是附加于器物盖或口沿、肩部的装饰物。远古雕塑普遍出现于仰韶文化、马家窑文化、龙山文化、红山文化、河姆渡文化和大溪文化等古文化遗址之中
中国古代	商周时期		主要是具有雕塑性质的青铜礼器，以人和动物或神异动物形象铸为器形，这类器物具有重要的政治、宗教、礼仪的意义，而不同时代又各具不同的时代特征。商代作品大多富于神秘、威慑的色彩，表现的是神化了的人与兽
	秦代		秦俑雕塑群以巨大的体量和数量、群体的组合、气宇轩昂的形象，造成震撼人心的艺术感染力。其雕塑在人物和车马的塑造上可表现出力求模仿生活真实的倾向，发式、服装的很多细节也表现得非常具体
	汉代		汉代雕塑在继承秦代雕塑气势恢宏风格的基础上，更加突出了雕塑作品雄伟刚健的艺术个性。雕塑作品多呈现简洁明快的手法和粗犷朴实的风格，陵墓雕塑不仅歌颂了历史英雄的丰功伟绩，也表现出气势磅礴的场面
	魏晋南北朝		这一时期雕塑发展上的一个重要现象是随着佛教的兴盛而出现的大规模的营造石窟寺的活动，存世的作品主要是分布于南京及其附近地区的宋、齐、梁、陈四代帝王及王侯陵墓的31处石雕群，其组合关系为成对的石兽、石柱和石碑
	隋唐		雕塑制作材料有泥、木、瓷、石等多种材料，以黄、褐、蓝、绿等釉色烧制而成的三彩俑数量众多，特别能够代表俑类作品新的塑造水平

	宋、辽、金		这一时期的雕塑可分为宗教雕塑、陵墓雕塑和手工艺雕塑三大类，其中宋代雕塑注重局部细节的刻画，十分写实。辽、金、西夏等时期的雕塑艺术则呈现出浓厚的世俗化倾向
中国古代	元、明、清		元代以后雕塑艺术成就突出地表现在宫廷、皇家园林的环境雕塑方面，宗教雕塑在元代占有相对主要的地位，主要可分为寺庙彩塑和小型的木、石、金铜佛像；自明代始，木雕、竹雕方面名家辈出，形成金陵和嘉定两派；清代寺庙造像达到顶峰
	新中国成立初期		雕塑艺术主要吸收的是来自苏联社会主义和现实主义的创作观念。这种观念以关注社会现实为艺术使命，艺术主体和形式表现都是以此为创作前提
现代雕塑	改革开放以来		雕塑大多比较朴素，且具有时代特色，能够表现社会主义现实，其中不乏具有高水平的雕塑作品。此外，该时期的雕塑也比较多样化，充分吸收了外国优秀雕塑的特点

为了完善现代铺装景观，设计应因地制宜，统筹建设，并重视创新型城市景观园林设计，在进行景观铺装时还要坚持可持续性与生态性原则，积极挖掘景观环境中的民族文化资源，创造更适合人类发展的景观空间。

图2-7 现代铺装

四、铺装发展史

1.传统铺装的发展历程

传统景观铺装的发展主要分为三个阶段，即夯土地面、砖铺地面及石铺地面。其中元代开始出现了建筑内部采用大理石铺地的现象，用石材铺地的历史之悠久。

2.我国铺装景观的发展现状

在我国，由于新中国成立初期经济水平较低，发展不平衡，因此城市建设长期以来一直遵循着"适用、经济、美观"的原则。目前，我国城市道路建设平均水平还处于快速发展过程中，解决道路网规划设计，提高城市道路通行能力，减少交通事故是城市建设的主要内容（图2-7）。

图2-8 朗特花园

朗特花园水系运用巧妙，随着台地的层层跌落而变化，时而形成水渠，时而形成喷泉，时而形成瀑布。

图2-9 凡尔赛宫

凡尔赛宫最大的特点是中央大轴线，并在轴线上布置大水渠或水池，面积巨大，形成气势磅礴之感。

图2-10 谢菲尔德园

谢菲尔德园拥有比较丰富的植被，设计追求自然，园区内的布局也比较自由，整个园区氛围十分舒适。

图 2-8

图 2-9

图 2-10

第二节　外国景观规划设计

本节就滨水景观、广场设计以及景观雕塑来详细地讲述外国景观规划设计的历史发展。

一、西方滨水景观（图2-8～图2-10）

西方的滨水景观发展史和中国、日本的有很大不同，它是从几何式的庭园开始的。最早与水有关的人工景观可追溯至古埃及；古罗马时期，由于国力强盛，皇帝或贵族们的水庭往往更趋于复杂和宏大，装饰精美；而到了欧洲中世纪，由于教会势力控制，庭园方面没有大的发展。

进入15世纪初叶，欧洲因为文艺复兴运动的兴起，形成了著名的台地园模式。到了18世纪，这种突显帝国气派的造园手法渐渐隐去，出现了崇尚表现自然的英国风景园，例如斯托海德园、斯道园、谢菲尔德园等。

经过工艺美术运动、新艺术运动，西方进入了现代滨水景观设计的百家争鸣时期，出现了附和于建筑的芬兰建筑师阿尔托设计的肾形水池设计及英国建筑师杰里科的舒特水庭园（文艺复兴时期水园的某种发展），从美国加州花园的点缀型水池到达拉斯联合银行大厦喷泉广场、波特兰市系列水广场（哈普林的水景），呈现出多种不同的设计流派。

1969年，英国著名景观设计师麦克哈格《设计结合自然》一书的问世，使人们认识到自然科学发展中的唯机械论已阻碍了景观学的发展。人们必须运用系统的研究方法来重新探究以往处理景观设计的原则和方法是否妥当，因而出现了第二次世界大战之后滨水景观的大发展。

★小贴士

现代滨水景观设计的实践方向

主要表现在由规则式向自由式方向演变，并且与东方的"尊重环境的自然水系"观念越来越融合。生态、环境、可持续发展的观念普及，使得景观设计师们能够高屋建瓴地审视要进行的滨水创作。滨水景观不是单纯投向自然的怀抱，它一方面要与环境协调，另一方面又要运用高技术手段去实现新型创作，如声控喷泉、立体水幕等。在创作中将建筑、雕塑、景观、大地艺术融为一体进行综合创作。

二、欧洲城市广场发展轨迹

在古希腊时期，人类社会活动和生存方式促成了广场的起源，并赋予它独有的空间特质。城市广场是直接或间接为统治阶级建造或使用的，古希腊城市广场的产生和发展就是一种特定的政治权力的结果。

中世纪城市继承了古希腊城市和古罗马城市的文明，人们的社会观念发生了相当大的变化，表现在人们突出对宗教的信奉观念。中世纪的广场还具有市政和商业两大功能，该时期集市广场出现的原动力首先来自于贸易活动，具有强烈的经济特征。集市广场为市场交易提供了场所，因此成为中世纪城市最重要的经济设施。

文艺复兴时期的广场，占地面积普遍比以往广场的占地面积要大，提倡人文主义思想，追求人为的视觉秩序和雄伟壮观的艺术效果。城市空间的规划强调自由的曲线形，塑造一种具有动态感的连续空间。这个时期的广场类型，多为对称式（图2-11、图2-12）。

★补充要点

欧洲城市广场的发展趋向

从欧洲传统城市广场空间、形式等的发展脉络中可以发现，人的社会活动和经济活动促使城市广场的形成，而人与人之间的社会关系才是影响城市广场发展的主要因素，更进一步说，统治阶层直接决定了城市广场的发展方向。人的社会需求只要求城市广场具备集中的空间，封闭与否、规则与否、对称与否都无关紧要，重要的是宜人的尺度、丰富的活动空间。这个时候的城市广场注重的是严格的空间形式，讲究的是宏大、规则、对称、轴线，这些都强烈地体现出统治阶层的权力和统治欲望。

图2-11 维罗纳广场

维罗纳广场的设计注重构图的完整性，透视原理、比例法则和美学原理等古典手法，追求完美的广场形状，运用平缓而舒适的空间尺度和比例，力求创造更具艺术美的空间。

图2-12 佛罗伦萨广场

佛罗伦萨广场具有浓郁的文化气息，设计注重综合运用城市规划、生态学、建筑学、环境心理学以及行为心理学等方面的知识，整个广场具有立体化、个性化、公共化、生活化、多样化以及一定的人性化特征。

图 2-11 ｜ 图 2-12

三、外国雕塑发展史

西方雕塑艺术发展至今，已有几千年的历史。具体的雕塑发展见表2-2。

表 2-2   外国雕塑发展

雕塑与发展		图例	特点
史前雕塑			人类在创造劳动工具——石器的同时，也为工具转变为艺术品提供了物质前提，这些石器成为后来人类雕塑艺术的早期雏形。史前雕塑成为人类文明史和艺术史上第一笔浓墨重彩，它不仅包含了早期文明的特色，更是那个年代的见证
古典雕塑	原始时期		西方雕塑最早发源于古希腊、古罗马时期，当时的雕塑主要以陵墓雕塑、宗教雕塑及纪念性雕塑为主。古希腊的雕塑可大致分为古风时期、古典时期及希腊化时期
	欧洲中世纪时期		欧洲中世纪时期的雕塑主要用于建筑装饰，既有放置在建筑外部的建筑性雕塑，也有陈列在室内的独立雕塑
	文艺复兴时期		雕塑开始摆脱依附建筑的地位，同时雕刻技法也伴随着科学技术的发展而更加先进，透视学和解剖理论的运用，使得人物形象塑造更加准确和细致；雕塑的创作重心也由单纯的人物转向更广泛的人所存在的现世生活
	封建主义向资本主义过渡时期		雕塑线条处理更加夸张复杂，巴洛克的雕塑艺术充满了曲线的动感和复杂，人物形象具有真实的效果；与之相对的是同时期法国的古典主义雕塑，它追求直线的简明，在这种平直的塑造中渲染宏伟大气的学院风格
现代雕塑			现代雕塑是一个兼具时间和美学意义的概念。构成主义对现代雕塑有着决定性影响，它弱化了雕塑的体量感，强调空间中的势，并吸收了未来主义的运动感、立体主义的拼贴和浮雕技法等

第三节　案例解析：国内外滨水景观设计

一、苏州河两岸滨水景观设计

1.背景介绍

　　苏州河，黄浦江支流，吴淞江上海段俗称，起于上海市区北新泾，至外白渡桥东侧汇入黄浦江，有时也泛指吴淞江全段。苏州河沿岸是上海最初形成发展的中心，催生了几乎大半个古代上海，后又用100年时间成为搭建国际大都市上海的水域框架。苏州河下游近海处被称为"沪"，是上海市简称的命名来源（图2-13）。

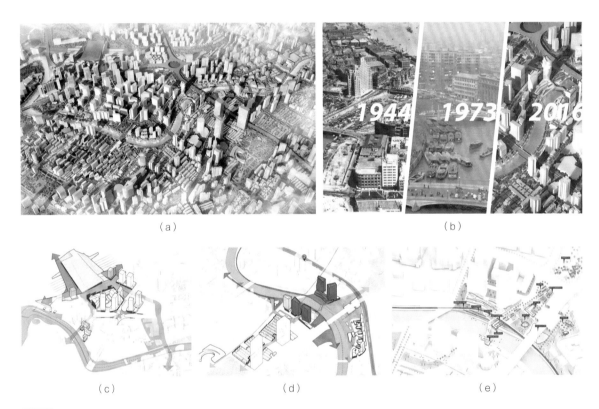

（a）　　　　　　　　　　　　　　　　　　　　（b）

（c）　　　　　　　　　　　（d）　　　　　　　　　　　（e）

图2-13 苏州河两岸建设

　　由于之前苏州河两岸内侧是大片居民区，人口高度集中。沿岸工厂视苏州河为露天垃圾场，日日向河内大量排放废水、废物、废气，致使河水恶性污染日甚一日，终致发黑变臭。航船和附近居民习以为常地将垃圾、废物弃于岸边河中，河道上经常可见大量废弃物四处漂浮，导致吴淞江从太湖而来，流至下游上海已成强弩之末，冲刷力极弱，无力将污水排向黄浦江及外洋，日积月累，苏州河的水质越来越差。后期随着上海经济的不断发展，作为改革开放的试点城市，苏州河慢慢由历史上以运输型、产业型为主的河道，转化为如今以生态型、生活型为主的河流。到今天，苏州河两岸的滨水建设已经基本完善，各项功能也已经相当全面。

图2-14 亲水设施化

图2-15 生态化的滨水景观

图2-16 设计与经济相结合

图2-17 设计与城市肌理相结合

2.实景分析（图2-14～图2-17）

图2-14	图2-15
图2-16	图2-17

木质的亲水平台，连接稳定的安全栏杆，既能确保滨水景观设计的安全性，同时设计也遵守了亲水原则，使公众可以与水亲密接触，感受来自大自然的美好馈赠。

河岸边的绿植可用以恢复原生栖息地、增强防洪功能，减缓雨、洪对城市滨水区域的影响，同时护坡和驳岸可为公众提供亲水活动的空间，增加城市绿化区域，更好地保护生态可持续发展。

一个优秀的滨水景观设计会不断提升其地理及社会地位，发展其商业区域，以旅游带动生态、经济的发展，并会更多地将设计重心放在生态系统与城市的融合上，达到城市与自然、人与自然的统一。

滨水景观与城市肌理相结合能够帮助更快地达到人与自然相融合，城市与自然相融合的目的。苏州河在进行两岸滨水景观设计时，充分运用城市肌理特点，将滨水景观与之结合设计。

二、希腊塞萨洛尼基海滨重建

1.背景介绍

塞萨洛尼基是希腊北部最大港市及第二大城市，塞萨洛尼基州首府，地处哈尔基季基半岛西部，濒临塞萨洛尼基湾。人口40.6万，包括郊区在内为80万，属于地中海型气候，冬温夏热。该市经济与港口密切相关，是海陆交通枢纽，海上与东地中海各国港口均有航线联系（图2-18～图2-21）。

图2-18 塞萨洛尼基

塞萨洛尼基海滨重建项目竣工后，可以很迅速地在日常生活中发掘出其使用价值，不仅可以在新海滨区里散步、阅读、垂钓、跑步、陪孩子玩耍，还可以进行其他运动项目，例如骑行，进行室外集体健身等，除此之外该项目还兼具娱乐功能。在这里，人们可以野餐、园艺、娱乐、跳舞或表演、喝咖啡、会朋友等。

（a）　　　　　　　　　　（b）　　　　　　　　　　（c）

图2-19 塞萨洛尼基重建

塞萨洛尼基海滨的重建，意在使民众有机会在这座城市的公共空间进行环境保护的逻辑实验。整个海滨建设设计材料的选择、种植、灯光等，不仅有助于建设一个高品质的公共空间，而且最重要的是能够充分地利用现成的城市空间景观资源，妥善地管理和维护宝贵的资源，使其不被浪费。

2.实景分析（图2-20～图2-23）

（a） （b）

海滨步道具备有休闲功能，这条步道正好位于陆地与海洋之间的分界线上，是散步的理想场地。坚实稳固的巨型防波堤与动荡而清澈的海洋形成鲜明的对比，给人以视觉上美的感受。从白塔到音乐厅，整个滨水区都进行了统一的铺装，没有高差，宽度一致。只要是硬质地面，都浇筑成一个整体。在防波堤的内侧，则沿步道栽植树木，树木之间设置长椅，给整个空间带来清凉的感觉。

图2-20 塞萨洛尼基海滨具有的线性和连续性特点

图2-21 私密性特点

整体海滨空间由不同的围合空间组成，在一定程度上保证了私密性，且不同空间的不同特色组成了塞萨洛尼基海滨空间的立体化效果，增加了视觉层次感。

图2-22 亲水性特点

塞萨洛尼基设计中亲水平台的建立有助于增强人们与自然的亲切感，有利于营造轻松、舒爽的滨水氛围。

图2-23 可持续性特

新海滨采取的是最优的照明管理措施，在深夜里减少照明，以降低能源消耗。此外，新海滨的设施没有使用液体燃料，不会产生相关的污染。

图 2-20
图 2-21
图 2-22
图 2-23

本章小结：

时代变迁，景观规划设计也随之改变，但设计的宗旨却依旧如一，不论是国内还是国外，都追求景观设计的生态化和可持续发展化，力求能够达到人与自然的和谐统一，且在维持景观发展与进步的同时也能够带动经济发展和城市进步。

第三章
景观规划设计与空间处理

学习难度： ★★☆☆☆

重点概念： 空间造型、空间限定手法、空间尺度比例

章节导读： 景观规划设计必须基于从现象到本质、从具象到抽象、从整体到细部、从经验到知识的认知路径来选择认知对象。对景观规划知识的学习，必须要从初学者日常所见的景观实体建筑作为起点，由景观建筑外部形体至建筑内部空间、逐步深入地了解景观规划设计。两千多年前，老子曾说过："人法地，地法天，天法道，道法自然。"因此，景观规划设计必须要使我们创造的人造环境能够与自然和谐地结合，在开发景观区域时必须要善待自然，并在此前提下，以人为本，创造更好的景观空间。

第一节　空间造型基础

这里所说的空间造型基础主要包括空间的组成以及空间形态的图纸表达，景观规划设计中的空间一般分为建筑内空间和建筑外景观空间，而这些空间又是由物质要素和空间要素共同组成，设计时须明确以此为基础。

一、景观空间

景观空间是人们为了需要而创造的"生活容器"，是天、地、自然中的一部分，因此它要像自然万物一样，尊重自然、适应自然、顺应自然，与自然共同生存。

1.物质要素

景观空间是由物质材料建构起来的，不同的物质要素在景观空间的构成中起着不同的作用（图3-1）。例如，楼板除了承受水平荷载外，也可以围合和分隔上下垂直空间；台阶可以连接上下空间；门窗既可分隔空间又可联系空间；梁、柱等结构部件则是建构景观建筑空间骨架的支撑体系；顶棚、内外墙体的装修就是景观建筑装饰的载体。

2.空间要素

空间和实体是相对存在的。景观空间的物质要素可造就各种各样的实体，如柱、坪、梁、板、墙等，景观建筑空间即由这些实体组合而构成（图3-2）。

图3-1 景观围合空间

墙体除了负有承重作用外，也可围合空间和分隔空间，此外，景观建筑空间的创造也是通过这些物质要素合理地组合在一起，以便能更科学地取得特定的使用效果和空间艺术效果。

图3-2 景观建筑空间

景观建筑空间还由上、下水平界面（屋顶、楼板、地面）和垂直界面（柱、墙等）围合而成，这些要素可很好地加深公众对景观建筑空间的理解。

图 3-1 | 图 3-2

二、景观空间的图纸表现

景观空间的图纸表现主要包括两部分：一部分是CAD设计图纸，一部分则是模型图与渲染彩图。CAD图纸能够帮助我们更科学地进行设计，而模型和彩图则能提前将景观空间展现在公众面前，能使景观规划设计得到完善。

1.CAD图纸

景观空间中的CAD设计图纸主要可包括设计平面图、地面铺装图以及相对应的立面图、轴测图和构造节点图等。这些图纸详细地标明了景观建筑空间以及景观空间中各元素的具体尺寸，并将其作为设计基础，以便能更科学地实现景观规划设计（图3-3～图3-6）。

绘制景观空间的立面图时应在图纸上使用不同粗细的线条，以此来表达出立面上不同的空间深度信息。

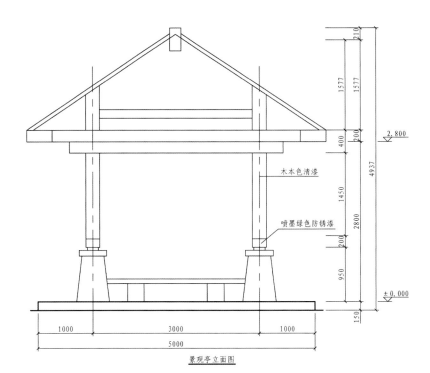

图3-3 景观亭立面图

剖面图绘制仍需应用线的粗细来区分空间信息，这样也可更直接地表现景观空间的内部分割情况。

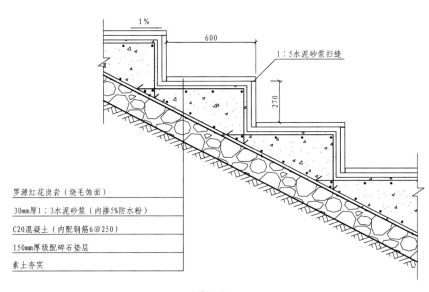

图3-4 剖面图

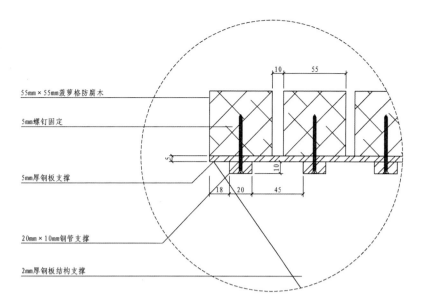

55mm×55mm菠萝格防腐木

5mm螺钉固定

5mm厚钢板支撑

20mm×10mm钢管支撑

2mm厚钢板结构支撑

景观空间中比较复杂的构造才需绘制构造
节点图，构造节点图可清晰地表现设计特
色，如喷泉的细节设计。 →

图3-5 构造节点图

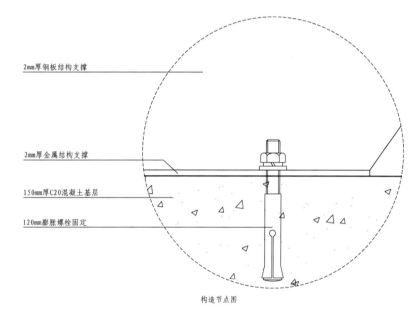

2mm厚钢板结构支撑

2mm厚金属结构支撑

150mm厚C20混凝土基层

120mm膨胀螺栓固定

构造节点图

轴测图是线条版的景观模型，它能形象、
生动地表现景观空间特征，并能为设计提
供参考。 →

图3-6 轴测图

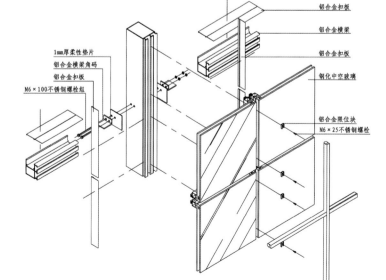

隐框玻璃幕墙装配图

铝合金扣板

铝合金横梁

铝合金扣板

钢化中空玻璃

铝合金限位块

M6×25不锈钢螺栓

1mm厚柔性垫片

铝合金横梁角码

铝合金扣板

M6×100不锈钢螺栓组

图3-7 模型

模型可以将景观建筑空间中的材料特征及建筑外表面的凹凸关系表达得更加明确和生动。

图3-8 景观彩图（一）

彩图中加入了树、人等在大小尺寸上公众比较熟悉的配景，以此来更好地衬托出景观空间的体量感。

图3-9 景观彩图（二）

图 3-7 ｜ 图 3-8
———————
　　　　　｜ 图 3-9

2.模型与彩图

用线条表达的立面图，虽然明确了景观建筑形体的位置与尺寸关系，但不能明确地表现出建筑形体和材料质感的变化。因此，为了让图纸除了具有工程实用性，还能具有更强的表现力，我们可以通过制作模型和彩图，更生动地表现景观特质（图3-7～图3-9）。

★补充要点

总平面索引图绘制要求

用地红线、地库边界线、消防通道需在图上表现出来；尽量以景观功能或道路来分区，保证区域景观的完整性；图纸比例不得超过1：300，图幅不够可考虑加长版；图上需有植物填充、铺装、水体及景观大致的场地标高。

彩图中可通过加深景观建筑的阴影、材质等强化二维图纸的空间深度和实际视觉效果的表现力和感染力。

第二节　空间的限定手法

空间的限定手法主要在于掌握景观建筑的垂直构造、水平构造、支撑体系以及维护体系，这些能够赋予空间新的含义。

一、垂直构造与水平构造

通过解剖景观建筑，我们可以了解到墙、地面、楼板、柱子等可见的要素，这些要素分割或者限定了景观建筑的空间。和景观建筑形体一样，我们也可以通过对内部空间几何化的抽象和简化，更加清晰地理解分割或者说限定空间的基本要素。最基本的形成与限定空间的元素就是点、线、面，对应直观的建筑构件就是垂直构件（柱子、墙体）和水平构件（楼板）（图3-10、图3-11）。

★小贴士

构造柱

构造柱是在墙身的主要转角部位设置的竖直构件，其作用是与圈梁一起组成空间骨架，以提高建筑物的整体刚度和整体的延伸性，约束墙体裂缝的开展，从而增强建筑物的抗震能力。

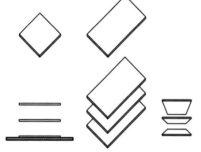

图3-10 水平限定空间

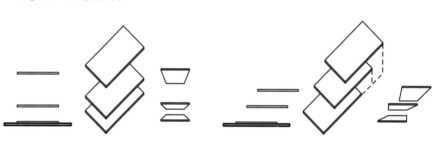

水平方向空间的限定有六种最为基本的限定形式，即全围合、单面开敞、两面开敞（临边）、两面开敞（对边）、三面开敞以及四面开敞。

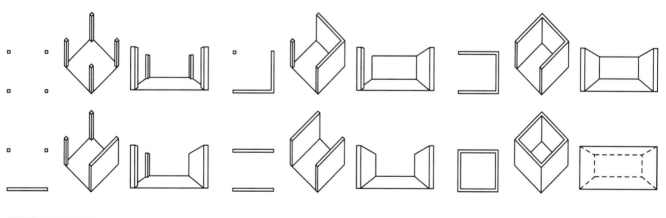

图3-11 垂直限定空间

垂直方向的空间限定可以通过楼板的大小差异、错位关系等，形成不同的楼层高度差别。此外，所有空间的分割或限定，都可以看成是这些基本限定关系的组合和变形。设计师正是通过对这些基本空间要素的变形与组合，创造出供公众使用的各种空间。

图3-12 玻璃景观房

规模比较小的景观建筑可以使用特制的玻璃作为结构材料，以此来获得更加轻盈通透的视觉效果。

图3-13 景观建筑

景观建筑的结构多种多样，设计应根据景观建筑空间的需求和建造的条件限制来选择。

图3-14 受到重力影响的景观建筑

景观建筑结构的设计要考虑来源于自然环境以及人工环境的重力影响，并对此做出合适的处理。

图 3-12
图 3-13
图 3-14

二、空间内的支撑与围护体系

我们之前了解的景观建筑外部形象、内部空间与一些重要构件，都是从视觉和运动等方面来感知理解的。但景观建筑要能具备真正的使用价值，就必须具备很多功能性的系统。例如，要克服地球的重力、风力等影响，就需要由建筑的支撑体系来完成；要满足人们遮风避雨保温的使用需求，就需要围护（或称为包裹）体系；而要输送能源、信息，排出废气废水等，就需要给水排水、电力电信等由终端和管线等组成的各类系统。

1.支撑体系

景观建筑的支撑体系，通俗地说就是景观建筑的结构，它通过使用一定的建筑材料和结构形式，来抵抗一定外力作用，获得所需要的建筑空间。要想了解景观建筑的结构，首先我们需要知道它要抵抗哪些外力的影响（图3-12～图3-14）。

2.围护体系

景观建筑的围护体系主要包括了屋顶和外墙两个部分，它们作为建筑的边界，保证建筑内部尽量少受到外界环境与气候变化的影响，起到了分隔室内外，使建筑拥有较为恒定使用条件的作用。但同时，外墙又必须有门窗等与外界联系沟通的洞口，这些部分就是围护体系需要注意的重点部位。

外界的气候环境影响主要有四个方面，即日照、气温、雨雪与气流。围护体系首先要隔绝雨雪对景观建筑内部空间的侵蚀，也就是其排水、防水功能；其次它需要尽可能地减少室外气温变化对景观建筑内部空间的影响，使建筑内部能维持尽量恒定的人体舒适温度，也就是它的隔热保温功能。

对于日照，它在通过围护体系上的窗口时，不仅为室内带来天然采光，也带来热量辐射，在夏季与冬季，景观建筑对此需求有很大区别。而建筑室内需要空气流通来获得新鲜空气，但这又导致室内温度的不稳定，窗洞口是解决这一矛盾的关键构件。

图 3-15 │ 图 3-16

图3-15 景观支撑体系

亭子为景观空间提供了支撑空间的作用，梁柱能够为建筑物承重。

图3-16 景观围护体系

围栏在视觉上起到维护草木，限定了人们的行走路线，起到围护作用。

三、建筑空间与支撑、围护体系的关系

支撑体系与围护体系是在具体的景观建筑建造技术层面上的建筑构件区分，即支撑体系抵抗荷载，围护体系保证建筑内部的环境质量。支撑体系与围护体系既可以合二为一，也可以相互分离。例如，墙承重的建筑，外墙既起到支撑作用，也起到围护的作用；而梁柱框架承重的建筑，外围的围护体系就与其分离，不起支撑作用。

而水平、垂直构件，则是从分割限定空间上讨论景观建筑构件，它谈论的"构件"更加抽象，和支撑体系与围护体系的区分不在一个层面上。而这些用于分隔、限定空间的水平、垂直构件，可以是起支撑、围护作用的外墙、屋面，也可以是不起支撑、围护作用的内隔墙等其他景观建筑构件（图3-15、图3-16）。

★补充要点

荷载

荷载会使建筑结构构件发生应力和形变。建筑结构构件主要的受力形式有拉、压、弯、扭、剪等几种。不同部位的建筑构件，受到的主要作用力是不同的。比如，在正常情况下，建筑的柱子受压梁受弯。如果受力后构件的形变超过了它的形状、尺寸和材料的限度，就会发生破坏，威胁建筑使用的安全。

对建筑的支撑体系来说，它所承受的外力称为荷载。荷载从方向上看可以分为垂直荷载（重力）和水平荷载（如风荷载、水平地震波），从产生加速度效果可分为静荷载（如楼面荷载）、动荷载（如振动、坠物冲击等），从时间变化情况看可以分为恒荷载（如建筑自重）、活荷载（如屋顶积雪）和特殊荷载（如爆炸等），从作用面来看，可分为均布荷载、线荷载和集中荷载。

图3-17 卫生间尺度

在景观规划设计中，卫生间的设计要求设计师要考虑乘坐轮椅人士在进出、转身等动作上的特殊空间尺寸要求。

图3-18 无障碍通道

设计师在考虑尺度问题时应以多数人的平均尺寸作为参照，但也需要考虑一些特殊人群的活动需求，比如残障人士。

图3-19 园区道路

图 3-17 ｜ 图 3-18
———————
　　　　 ｜ 图 3-19

第三节　空间尺度比例

合适的空间尺度比例能够创造一个舒适、和谐的景观环境，因而设计必须掌控好人与空间尺度的关系以及景观中相应建筑的尺度。

一、人与空间尺度

划分景观建筑内部空间的尺度，要考虑通常情况下人的各种活动，如站立、行走、坐、蹲、伸手等，根据这些来确定比较合理的景观建筑空间尺寸。此外，不同的使用功能要求和使用者的数量都会对空间的尺度造成影响（图3-17～图3-19）。

景观规划设计中的道路要考虑到多人行走，且部分道路要考虑车行道，并注意相应的绿化带设置，以便能带给观者更舒适的视觉感。

图3-20 窗

景观空间内的窗既可以分隔空间，也可以作为装饰存在，窗体还可以作为景观布局的重要元素，可以通过窗体达到框景的目的。

图3-21 台阶

选择台阶踏步的高宽，要根据空间余地与舒适性和安全性来进行权衡考虑，越是公共区，人流量越大，使用者身体条件越弱的区域，踏面越宽，高度越低。

图3-22 坡道

不同的用途，坡道的坡度、长度、宽度就有不同的要求，机动车坡道根据通过的车型大小、通道形式保证其纵坡在6°~15°之间，无障碍坡道坡度不能大于1:12。

图 3-20
———
图 3-21
———
图 3-22

二、常用建筑组件的尺度

景观规划设计中有一些常用建筑构件是必不可少的，如门、窗、台阶、坡道等。这些构件在建筑中是人们最经常接触的部分，因此与人体尺度、人的运动关系更加密切，不仅如此，它们也是与景观建筑整体进行尺度对比感知的重要部分。

1.门

景观规划设计中的门主要是指入口，它是各个分割空间之间以及建筑内外活动联系最主要的部分，设计时门的宽度及高度要根据进出物体的大小、多少来决定。

2.窗

窗能为景观建筑内部提供自然光、空气流通以及视觉通透等作用。它的宽度可变性较大，要视室内的视觉、采光、通风等要求而定（图3-20）。

3.台阶

台阶是联系垂直方向空间的主要通道。它的尺寸考虑的是人的步行，踏步的高和宽与脚掌动作相关，踏面（踏步水平面）越窄、踢面（踏步垂直面）越高，楼梯就越陡，人的上下也就越吃力，越容易摔倒，但同时也越节省楼梯所占空间（图3-21）。

4.坡道

坡道是另一种联系垂直方向空间的通道形式，供机动车辆进出汽车库的坡道，供行动不便的人使用的无障碍坡道等（图3-22）。

史密斯住宅位于美国康涅狄格州，在基地的东南向是风景优美的长岛海岸，从公路望向住宅时，能望见西北向有一座窄小斜坡通道，经坡道引导而进入屋内。房屋周围长满了高耸且翠绿的树丛，在清澈的水与澄蓝的天空呼应之下，无疑又是大自然的另一项杰作。

图3-23 史密斯住宅全景

图3-24 住宅景观模型

图3-25 住宅空间

图3-23	
图3-24	图3-25

第四节　案例解析：建筑空间与景观规划设计

一、史密斯住宅

1.背景介绍

史密斯住宅（Smith House）位于美国康涅狄格州的达瑞安海滨，这里是康涅狄格州的边陲地带，位置远离市中心，是一处没有都市喧嚣的世外桃源（图3-23）。史密斯住宅周围遍布岩石与树木，住宅的后面地形先是缓缓升起，接着跌下去，变成陡立的礁石海岸，最后渐渐倾斜，形成一处小小的沙湾。这种地形演变形成一种自然的分界。从入口处向海岸线延伸的公路确定了一条重要的位置轴线。

2.实景分析（图3-24~图3-27）

整体住宅色系以白色为主，建筑物周边绿植环绕，以草坪作为基地，完美地将人工环境与自然环境有机融合。窗体采用全透玻璃制作，光线好，与周边的白墙搭配，视觉效果也十分好。

住宅分区明确，可透过玻璃望向户外的美景，住宅外部设置有一座以金属栏杆扶手构成的悬臂式的楼梯，而它也清楚连接了起居室和餐厅层的户外平台，整个住宅景观实用性很强。

图3-26 住宅外部造型

整体所选用的纯白色，可以很好地形成建筑与自然的对比，同时也能诱使自然光与整个空间交融为一体。

图3-27 史密斯住宅远景

在场地设计上，该住宅主体即坐落于缓坡后的平地上，合理利用了地形地势，同时引道借缓坡飞架成桥，顺势接入住宅第二层，形成灵活丰富的空间关系。

图3-28 水御堂俯瞰图

水御堂由地上部分入口引导空间和半埋入地下的椭圆形建筑空间两部分组成，这样的设计在丰富并改善了山顶的面貌的同时，也强调了山顶的高度，衬托了草木的丰茂。

图3-29 水御堂内部水景

莲花池畔宁静中带有禅意，神寺里又透露出庄严感，在到达楼梯底部之后，便进入一个完全不同的世界，颜色和光线也会完全与外面不同。

图 3-26 | 图 3-27
图 3-28 | 图 3-29

二、本福寺水御堂

1.背景介绍

本福寺水御堂建于1991年，位于日本兵库县南部淡路岛，兴建于古建筑本福寺后面的山丘之上。建筑物上层是一座莲花池，池底下是一座神寺。要到达水御堂，需经过旧寺，沿一路苍翠的路径往上走，便可到达一片铺满白色碎石的开阔地带，穿过和绕过两堵一直一弯的混凝土墙之后，就会见到一个椭圆形的莲花池，池底便是水御堂所在之处。

2.实景分析（图3-28~图3-33）

图3-30 水御堂近景

莲花池水以其宁静和清透柔化了山的刚毅，水与山相映，深化了整个场景的深层思想。

图3-31 水御堂近景

水御堂通过对天、水、光的充分把握和运用，展现出景观建筑的不同风采，也给观者营造了一个丰富的空间体验。

图3-32 入口台阶

水御堂藏在莲花池之下，要进入建筑物，需要沿莲花池中央的楼梯拾级而下，犹如进入水中，在莲花池的包围中慢慢进入庙宇，也有着洗涤心灵的意味。

图3-33 水御堂内部结构

水御堂室内的柱列和内部墙壁成正方形，室内的光线与外面成强烈对比，整个大殿呈红色，营造出一种独特而神秘的气氛，也能很好地拂去游客日常的喧嚣，带来宁静。

本章小结：

空间是组成景观规划设计的重要元素，它能使景观更立体化。在设计之初，应考虑到所要采用的空间限定手法，并依据需要设计不同的空间分区。景观规划设计还需处理好空间尺度与人之间的关系，既能保持一定的距离，又不会产生疏离感。

图 3-30 | 图 3-31
图 3-32 | 图 3-33

第四章

景观规划构成要素设计

学习难度： ★★★★★

重点概念： 山石、水景、构造、绿化

章节导读： 景观规划中的山石、水景、构造以及绿化设计都是比较注重细节处理的部分。山石的设计要求能够赋予景观新的魅力，同时也能提高景观的整体艺术美；水景设计则要求能与生态环境和谐共存，既能为景观提供审美功能，同时还具备一定的实用功能；构造设计的覆盖面比较广，且对施工以及设计的科学性和严谨性的要求比较高；绿化设计则注重植株的品类、数量、分布以及色彩等的设计。了解清楚这些构成要素设计的重点，对于完善景观规划设计有很大的帮助，同时这些设计也能将景观的效益发挥到最大。

第一节 山石设计

山石构造是指用人工堆砌起来的山，通常所指的假山实际上包括假山与置石两个部分。此外，景观小品中的假山是以造景游览为主要目的，并充分结合其他多方面的功能作用，以土、石等为材料，以自然山水为蓝本加以艺术提炼与夸张变形的一种设计形式。

一、假山设计手法

我国传统的山水画理论也就成为指导叠山实践的艺术理论基础，假山的设计有以下几种设计手法。

1.相地合宜，造山得体

自然山水景物是十分丰富多样的，一个具体的园址究竟要在什么位置上造山，造什么样的山，采取哪些山水地貌组合单元，都必须因地制宜，将主观要求和客观条件的可能性以及所有庭院组成因素统筹安排。在现实造山过程中，择址一般分为可选择性和非选择性两种（图4-1、图4-2）。

图4-1 可选择性叠山

可选择性叠山的造型设计在景观空间组合中自由度较大，空间有景可借，因而可有多种形式构思与表现方法。设计应该尽力去发挥现代人的理想与现代设计观念来表现。此外，在新建的住宅小区里与之配套的环境规划、新建公园的规划等均可以采用多种多样有特色的构成形式。

图4-2 非选择性叠山

非选择性叠山在设计时必须注意原有环境中基础设施的综合利用及重新组合，设计要变废为利，因势利导。这样不仅可以减少石料的消耗，还可以减少由于清除废旧基础带来的麻烦，同时还能节约一笔可观的工程费用，另外在叠山的造型形式上也能有新的突破。

图 4-1
图 4-2

2.构思法

成功的叠山造景与科学的构思是分不开的，以形象思维、抽象思维指导实践，造景主题突出，才会使环境与造型和谐统一，形成格调高雅的艺术品，这样的叠山造景方法、构思难度虽大，但施工效果好（图4-3、图4-4）。

3.移植法

移植法是叠山造景常用的一种方法，即将前人成功的叠山造型，取其优秀部分为自己所用，这种方法较为省力，同时也能收到较好的效果。但是采用此方法应与创作相结合，否则将失去造景特色，造型千篇一律（图4-5）。

4.资料拼接法

资料拼接法是先将石形选角度拍摄成像、标号，然后拼组成若干个小样，优选组合定稿。这种方法成功率高，设计费用低，设计周期短，值得提倡。资料拼接法可随意拼接，还可组合变化出很多不同的叠山造型，又利于选石，节省施工时间。

图4-3 优秀叠山作品

在设计之前可查阅大量资料，借鉴前人成功的叠山造景设计及前人优秀的画稿蓝本，由此设计师的想象空间与创造能力既能有所丰富与提升，也能以此指导设计。

图4-4 叠山造型与环境相符

构思造型之前应对环境构成的诸多因素加以统筹考虑，如地形地貌、四季气候、古树、建筑环境等因素，并绘出能反映出实际效果、形体、色彩、光照、质感的设计草图，以此来参照施工。

图4-5 移植法进行山石设计

使用移植法进行山石设计要注意山石色泽和质地的统一，移植之后还需注重布局，并能与周边景观环境相融合。

	图 4-3
图 4-4	图 4-5

5.立体造型法

立体造型法又称为模型法，可在特殊的环境中与建筑物体组合，或有特殊的设计要求时，常用立体法提供方案。这是一种重要的设计手段，但因它只是环境中的一部分，利用该种设计手法时要服从选景整体关系，因而仅作为施工放线的参考（图4-6）。

4-6 立体造型法进行山石设计

立体造型法能够发挥山石的景观魅力，彰显山石特色，强化山石的形象。这种3D形式的设计方法多用于场地区域较大的景区内。

6.分清主次

山石的设计必须根据其在总体布局中的地位和作用来安排，最忌不顾大局和喧宾夺主，设计确定山石的布局地位以后，山石本身还有主从关系的问题需要处理。

★补充要点

假山营造要点

1.分清主次。假山中所有山石的风格、质地、色彩、纹理、脉络必须一致，但山形、大小、高低必须有变化。

2.疏密得当。通常假山的主峰一带是最密处，山石布置得密，树木栽植得密，而在次要部分相对较稀疏。

3.讲究开合。在园林假山的艺术造型中，开是起势，合是收尾。立峰是开，坡脚是合；近山是开，远山是合。开合的交替出现，可以使假山体现出节奏与韵律。

4.虚实相生。虚实相生是指园林假山所表现出来的深远意境（称为虚境）和假山所形成的真实景观（称为实境）。

5.露中有藏。露中有藏是指园林假山要能展现出一个景外有景、景中生情的动人画面。

6.空白处理。空白处理用于表现湖光山色、海岛风光等题材时，空白处宜大、山角处理宜简洁；而表现崇山峻岭，峡谷险滩等题材时，则空白处宜小些，山角处理也宜复杂、多变。

二、置石设计手法

置石是以石材或仿石材料为主，将其布置成自然露岩景观的造景手法，可结合它的挡土、护坡和作为种植床或器设等实用功能，用来点缀景观空间（图4-7、图4-8）。置石具体的设计手法（图4-9～图4-12）见表4-1。

图4-7	图4-8
	图4-9
	图4-10

图4-7 置石

置石的特点是以少胜多，以简胜繁，置石可设于草坪、路旁，以石代桌凳供人使用，既自然又美观。

图4-8 置石应用

于旱山造景处而立置石，可增加景观意境；于台地草坪处置石，既是指引方向，也能保护绿地。

图4-9 置石

特置山石设计是用一块特殊造型的山石来造景，也有将两块或多块石料拼接在一起，形成完整的单体巨石，与壁山、花台、岛屿、驳岸等结合使用。

图4-10 置石应用

对置山石设计是以两块山石为组合，相互呼应的置石手法，常立于庭院道路两侧，可采用小块石料拼装成特置大峰石，最后应用体量较大的山石封顶，这样能有效控制平衡。

图4-11 散置山石

散置山石设计是采用少数几块山石，按照审美原则搭配组合，常置于门侧、廊间或池中。

图4-12 群置山石

群置山石设计是将几块山石成组排列，作为一个群体来表现，设计时不宜排列成行或左右对称。

表 4-1   **置石设计手法**

设计手法	图例	设计细节
特置		特置山石常在景观环境中用作入门的障景与对景，或置于视线集中的廊间、天井中央、漏窗后部、水边、路口或庭院道路转折部位
对置		对置山石设计可仿效特置石，主要追求对称美，设计时可在景观环境空间前方沿建筑中轴线两侧作对称布置的山石，以陪衬环境，丰富景色；对置山石在数量、体量及形态上无须完全对等，可立可卧，可仰可俯，只求在构图上的均衡与在形态上的呼应，给人以稳定感
散置		散置山石布置讲究置陈、布势，对石料的要求相对比特置低一些，散置可以独立成景，与山水、建筑、树木连成一体
群置		群置山石设计要求石块大小不等、主从分明、层次清晰、疏密有致、前后呼应以及高低有致等

三、山石设计元素（表4-2）

表 4-2   山石设计元素

设计元素	图例	设计细节
山石家具		山石几案宜布置在树下、林地边缘，选材上应与环境中其他石材相协调，外形上以接近平板或方墩状有一面稍平即可，尺寸上应比一般家具的尺寸大一些，使之与室外环境相称；山石几案虽有桌、几、凳之分，但在布置上却不能按一般木制家具那样对称安排
山石花台		山石花台的造型强调自然、生动，应避免有小弯无大弯、有大弯无小弯或变化节奏单调的平面布局；花台除边缘外，其中部可少量点缀山石，花台边缘外亦可埋置山石，使之有更自然的变化。此外，花台的设计还应运用山石花台组合庭院中的游览线路，形成自然式道路
山石踏跺		踏跺用石选择扁平状，并以不等边三角形、多边形间砌；每级控制在 100 ~ 300mm 高的范围内，山石每一级都向下坡方向有 2% 的倾斜坡度，以便排水；石级断面要上挑下收，以免人们上台阶时脚尖碰到石级上沿。此外，用小块山石拼合的石级，拼缝处要上下交错，以上石压下缝
山石蹲配		蹲配是与踏跺配合使用的一种置石，可兼备垂带和门口对置的石狮、石鼓之类装饰品的作用；蹲配在空间造型上可利用山石的形态极尽自然变化，还可在具体的组合上有所变化，但要注意使蹲配在建筑轴线两旁有比较均衡的构图关系
山石楼梯		山石楼梯是以山石掇成的楼梯，常称为云梯，它既可节约室内建筑使用面积，又可成为自然山石景；设计时应与周边的景物进行联系和呼应，且其组合还需多样化，能够变化自如

★小贴士

塑山及其设计手法

塑山是近年来新发展起来的一种庭院山石技术，它充分利用混凝土、玻璃钢、有机树脂等现代材料，以雕塑艺术的手法来仿造自然山石。

塑造的山，其设计要综合考虑山的整体布局以及与环境的关系，且要多考虑绿化与泉水的配合，以补其不足。在小庭院中塑石不宜追求特别奇特、险要，而主要考虑周边的绿化环境和配饰，单独看来很拙劣的造型，将它放到翠绿的草坪上，仍可显露出稳重的质感来。

第二节　水景设计

水景景观以水为主，水景设计主要可分为自然水景和庭院水景。自然水景须服从原有自然生态景观，正确利用借景、对景等手法，充分发挥自然条件，形成纵向景观、横向景观和鸟瞰景观，并能融和居住区内部和外部的景观元素，创造出新的亲水居住形态；庭院水景则要借助水的动态效果营造充满活力的居住氛围（图4-13）。

图4-13 水景的表现形态

（a）

流水有急缓、深浅之分，也有流量、流速、幅度大小之分，蜿蜒的小溪，能使景观环境更富有个性与动感。

跌水一般分为垂直方向瀑布跌水，不规则台阶状瀑布跌水，规则台阶状瀑布跌水以及阶梯水池。

（b）

水源因蓄水和地形条件的影响会形成落差浅潭，这种形式的落水还可分为线落、布落和挂落。

（c）

静水平和宁静，主要可从色、波、影以及压力水景这几方面进行设计。

喷涌可分为水柱、水雾以及水幕，喷涌的视觉效果好，但风中稳定性一般。

（d）

（e）

一、庭院水景设计表现形式

公共水景中采用的形式，在许多小庭院景观中也能使用，只不过小庭院所用的水景受空间条件限制，一般只能占用少许空间，规模相对会小很多，庭院水景设计的具体表现形式可见表4-3。

表 4-3 庭院水景设计表现形式

设计表现形式		图例	设计细节
溪流			溪流形态应根据环境条件、水量、流速、水深、水面宽和所用材料进行设计；此外，可涉入式溪流的水深应小于0.3m，同时水底应做好防滑处理，不可涉入式溪流宜种养适应当地气候条件的水生动植物，增强观赏性和趣味性
水帘瀑布	庭院跌水		跌水的梯级宽高比宜在 1:1 ~ 3:2 之间，梯面宽度宜在 0.3 ~ 1.0m 之间
	庭院瀑布		庭院瀑布瀑身的厚度一般在10mm以内，一般瀑布的落差越大，所需水量越多；高差小的瀑布落水口处设置连通管、多孔管等配管时，较为醒目，设计可考虑添加装饰顶盖；此外，还可用金属管件做挂瀑，有声有色，又有静有动，明显地增加了环境的艺术性
池塘			池塘依据表现形式的不同还分为灌溉池塘、小型花园水池和观赏池塘，设计时要考虑到池塘系统以及深度的问题
			为了保存水，池塘系统要有合成垫层或黏土层做防渗处理，在人类活动强烈或波浪大的地区，塘边应用混凝土、石材加固以防侵蚀和使人易于行走
			大型池塘应采用渐进坡度，坡度不大于3.5‰，作为安全措施，若在池塘边需要是有植被的湿地时，植床坡度要更缓，应不大于1‰
			在温暖地区池塘的最深处至少应该在 600 ~ 900mm，更冷的地区要求最深处至少在 1500 ~ 1800mm
水池	浅水池		一般深度1m以内者，称为浅水池，设计可用规则方正的池形或多个水池对称的形式来体现严谨、庄重的气氛；还可用自由布局的自然式水池形式来彰显水的丰富和涉水环境；此外，设计还应用砖砌240mm墙做池壁，并做好防渗漏结构层的处理，以达到安全使用的目的

设计表现形式	图例	设计细节
水池	生态水池		水池的深度应根据饲养鱼的种类、数量和水草在水下生存的深度而确定，一般在 0.3～1.5m；为了防止陆上动物的侵扰，池边平面与水面需保证有 150mm 的高差，水池壁与池底需平整以免伤鱼，池壁与池底以深色为佳；不足 0.3m 的浅水池，池底可做艺术处理
	涉水池		水面下涉水主要用于儿童嬉水，其深度不得超过 0.3m，池底必须进行防滑处理，不能种植苔藻类植物
			水面上涉水应设置安全可靠的踏步平台和踏步石（汀步），面积不小于 400mm×400mm，并满足连续跨越的要求，保持水的清洁
	装饰水景		装饰水景在庭院设计中不附带其他功能，只是起到赏心悦目，烘托环境的作用，设计主要通过人工对水流的控制，如排列、疏密、粗细、高低、大小、时间差等，达到艺术效果，并借助音乐和灯光的变化产生视觉上的冲击，满足人的亲水要求
	倒影池		倒影池的设计是利用光影在水面形成的倒影，能扩大视觉空间，丰富景物的空间层次，增加景观的美感；设计时要保证池水一直处于平静状态，尽可能避免风的干扰，池底要采用黑色和深绿色材料铺装，如黑色塑料、沥青胶泥等，以增强水的镜面效果
休闲游泳池			游泳池的位置最好临近住宅而建，并与庭院并排，但无论在什么位置修建，都应将游泳池这个区域隔离，以免从庭园的各个角落都能直接望见它；此外，游泳池风格的选择还需与整个庭院的外观保持一致
喷泉			位置：喷泉一般多设在庭院的轴线焦点、端点和花坛群中，也可根据环境特点，做一些喷泉小景，布置在庭院中、门口两侧、空间转折处以及公共建筑的大厅内等地点；设计应采取灵活的布置，自由地装饰室内外空间，但在布置中要注意，不可将喷泉布置在建筑之间的风口风道上，而应当安置在避风的环境中，以避免大风吹袭，喷泉水形被破坏和落水被吹出水池外
			形式：喷泉的形式有自然式和规则式两类，喷水的位置可居于水池中心，组成图案，也可以偏于一侧或自由地布置；设计时要根据喷泉所在地的空间尺度来确定喷水的形式、规模及喷水池的大小比例

图4-14 室内水景设计

布置室内水景要尽量将水景布置在自然光线比较明亮且不影响室内其他功能正常发挥之处。

图4-15 室内供电设施

水景布置的具体位置要与室内电器设备所在地点保持一定距离，要保证室内水电安全使用。

图4-16 静水

布置室内水景要尽量将水景布置在自然光线比较明亮且不影响室内其他功能正常发挥之处。

图 4-14 | 图 4-15
　　　　　| 图 4-16

二、室内水景设计

室内水景在尺度上会受到室内空间的局限，因此，在水景设计中一般采取了"小中见大"的处理手法，这就使水景在室内具备了扩大视觉空间的作用（图4-14、图4-15）。

水景还可以布置在室内的楼梯边或楼梯下作为陪衬楼梯的附属景点，楼梯下的空间往往是没有被利用的空间，这个空间用来营造室内水景，既丰富了室内景观，又可避免浪费空间。建筑物的内庭是集中布置室内水景的最好场所，由于建筑内庭的面积一般都比大厅、房间角落等大得多，能够容纳的水景物品比较多，在这里营造室内水景，也能够获得良好的效果。

1.水景形态设计

水景从视觉感受方面可分为静水和流水两种形式。静水给人以平和宁静之感，它通过平静水面反映周围的景物，既扩大了空间又使得空间增加了层次；流水既能在室内造景，又能起到分隔室内空间的作用，同时还能增加室内空间的动态感（图4-16）。

在设计静态水景时，所采用的水体形式一般都是普通的浅水池，设计中要求水池的池底、池壁最好做成浅色的，以便盛满池水后能够突出表现水的洁净和清澈见底的特点。此外，水体的动态和水的造型以及与静态水景的对比，也能给景观环境增添活力和美感。

2.水景主体设计

室内水景常利用水体作为建筑中庭空间的主景，以增加空间的表现力，而瀑布、喷泉等水体形态自然多变，柔和多姿，富有动感，能和建筑空间形成强烈的对比，因而常成为空间环境中最动人的主体景观。

3.水景背景处理

在特定的室内环境中，水体基本上都以内墙墙面作为背景，这种背景具有平整光洁、色调淡雅、景象单纯的特点，一般都能很好地当作背景使用（图4-17）。

4.水景照明

水景照明可以利用室内方便的灯光条件，用灯光透射、投射水景或用色灯渲染氛围情调，在水下也可以安装水下彩灯，使得清水变成各种有色的水，能够产生奇妙的水景效果（图4-18）。

图4-17 喷泉

图4-18 水景照明

图 4-17

图 4-18

对于主要以喷涌的白色水花为主的喷泉、涌泉以及瀑布等，其背景可采用颜色稍深的墙面，以构成颜色鲜明的色彩对比，这也能使室内水景得以突出表现。而为了突出水上的小品、山石或植物，也常反过来以水体作为背景，由水面的衬托来凸显山石植物等。

日光灯是水景展示最有效的照明器具，在北半球，面向南方的露天水景用日光灯照明是最理想的。泛光灯照明效果与日光灯相似，但须注意避免光源的眩光，如果希望亮度均衡，喷泉至少应当使用两套照明设备。此外，需注意向上照射的灯最大距离是1000mm，这样可使水景照明达到均衡。

图4-19 景观桥

景观桥的造型要结合当地的人文资料，设计还需符合构图规则，并能与环境相融。

图4-20 池上架桥

池上架桥能使水面空间互相贯通，达到似分非分和增加层次、产生倒影等效果。

图4-21 木栈道

木栈道所用木料均须进行严格的防腐和干燥处理，且不应采用企口拼接方式，还需保持木材底部的干燥通风。

图4-19
图4-20
图4-21

三、水景配景

1.景观桥

景观桥分为钢制桥、混凝土桥、拱桥、原木桥、锯材木桥、仿木桥和吊桥等。居住区一般采用木桥、仿木桥和石拱桥为主，体量不宜过大，应追求自然简洁，精工细做（图4-19）。

2.池上架桥

池上架桥通常位于水面较窄之处，以梁板式石桥为多，在平面布置上，有1～4折不等。这种石桥的形式，除配合江南园林的风格多采用水平线条外，还考虑桥身与水面的关系，其高低视池面大小而定（图4-20）。

3.木栈道

邻水木栈道多用于要求较高的居住环境中。木栈道的面板常用桉木、柚木、冷杉木、松木等木材，其厚度要根据下部木架空层的支撑点间距而定，一般为30～50mm厚，板宽一般为100～200mm之间，板与板之间宜留出3～5mm宽的缝隙（图4-21）。

★补充要点

水景设计应考虑的问题

1.安全性。设计需考虑到儿童在无人照看的情况下会来到水景中，所以应选择类似无外露水池的水景。

2.水循环。系统中的水要设计为持续循环利用，应选择非饮用水，许多地方性法规要求观赏喷泉要利用循环水。

3.水蒸发。通风口、浅水池、喷雾及水体的运动蒸发失水最大，泳池的活动或水景的展示会提高40%～70%的蒸发量。

4.保温。在寒冷地区，要考虑冬季无水的几个月中的景观效果，在略微寒冷的气候下加热的水池也应考虑覆盖保温设施。

图4-22 地形设计

在进行地形设计时应注意控制场地的最大坡度，地形设计的原则就是以微地形为主，不做大规模的挖湖堆山，这样既可以节约土方的工程量，同时微地形也比较容易与工程的其他部分相谐调。

图4-23 景观小品

景观小品的竖向设计应标出其地坪高及其与周围环境的高度关系，这些构筑物若能结合地形随形就势，就可以在少动土方的前提下，获得最佳的景观效果。

图 4-22
图 4-23

第三节　构造设计

景观规划的构造设计主要包括土石方构造设计、水路构造设计以及电路构造设计，除去这些基本构造外还包括一些功能性构造，如台阶、坡道、路缘石、边沟以及木板栈台等。

一、土石方构造设计手法

1.注重土壤的选择

设计应考虑到土壤的含水量、相对密实度以及可松性等，并依据设计需要进行土壤的选择。一般将土壤分为8类土，1类土为松软土，主要为沙土、软土和淤泥，细腻柔软，可用于庭院植被；8类土为特坚石，主要指天然花岗岩、大理石，只能通过爆破的方式来开采，在景观规划设计中可用于砌垒山石造型。

2.做好景观用地的竖向设计

景观用地的竖向设计是根据现状以及设计的主题和布局的需要，从功能和审美的角度出发，对原地形进行充分的利用和改造，合理安排各种景观要素在高度上的变化，创造出丰富多彩、协调统一的整体景观。设计要形成良好的排水工程坡面，避免造成过大的地表径流的冲刷，造成滑坡或塌方，并形成良好的生态气候，以满足日常生活对环境质量的要求（图4-22、图4-23）。

二、水路构造设计手法

1.选择多重水源

传统水源主要包括高山雪水、地下水、地表水和在某种情况下收集起来的雨水。现代景观规划设计主要还是使用自来水，在供水紧张的中小城镇和农村，也可以选用地下井水或天然池塘水。恰当的给水方式选择要综合考虑水源的可获得性、水质和造价。

2.因地制宜选择供水模式

供水应首先获得区域资料，并通过不同用水类型、用水量等数据来制定景观供水的初步规划目标，对整体景观规划设计，必须先确定用水量。此外，水压也是供水设计的重要考虑因素，设计应该考虑利用自然水来做灌溉用水和观赏性的水景用水，还可以采用收集起来的雨水，虽然地段内自然存在的水源是难得的资源，但是它将逐渐成为景观构成的重要因素（图4-24、图4-25）。

3.注重喷灌技术

喷灌水路可替代传统的人工拖管浇灌，这在很大程度上降低了景观绿地的保养成本，同时也降低了劳动强度，提高了景观档次。喷灌有利于浅浇勤灌、节约用水，且能改善小气候，在景观绿地中应用广泛。因喷灌近似于天然降水，对植物全株进行灌溉，可以洗去植株页面上的尘土，增加空气湿度，但相对而言前期投资较大。

★小贴士

山体、土、水体

为防止雨水对山体的冲刷，也可以将景石布置点缀在山体中。如果在庭院中布置有水池，水体的等深线和驳岸设计也是地形设计的内容之一，在一个完美的庭院景观中，常常是山水相依。如果是人工水面，那么挖出的土正好用来堆山坡，这样土方就能就地平衡。水体的设计应解决水的来源、水位控制和多余水的排放等问题。

图4-24 树枝管状网

树枝管状网是将管线布置成树枝状，管径随用水点的减少而逐步变小，树枝网构造简单，造价低，但供水的安全可靠性差。

图4-25 环状管网

环状管网是给水管线纵横相互接近，形成闭合的环状管网，环状管网中任何管道都可由其余管道供水，保证供水的可靠性，但环状管网增加了管线长度，造价较高。

图 4-24 图 4-25

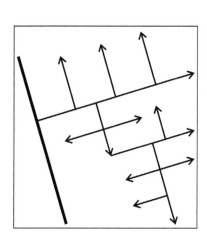
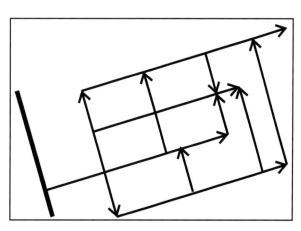

图4-26 景观照明

良好的视觉效果不仅是单纯地依靠充足的光通量，还需要有一定的光照质量要求，景观照明需要选择合适的照明方式，并要避免眩光。

图4-27 照明灯具的安装

在景观照明的设计中，避免眩光的有效方法是注意照明灯具的最低悬挂高度，并力求使照明光源来自更优越的方向以及使用发光面积大、亮度低的灯具等。

图4-28 光源色彩

图4-29 景观瀑布照明

图4-30 彩色装饰灯

图 4—26	图 4—27
	图 4—28
	图 4—29
	图 4—30

三、电路构造设计

这里主要介绍景观照明，照明除了可以创造一个明亮的景观环境，满足夜间活动需要外，还能塑造景观特色，绚丽明亮的灯光，可使景观环境气氛更为热烈、生动，富有生机，而柔和、轻微的灯光又会使景观环境更显宁静、舒适（图4-26～图4-35）。

光源的色彩可影响人们的情绪，因此光源的色调在景观规划设计中十分重要。应尽力运用光的色调来创造一个优美的环境，或是各种有情趣的主题环境。

瀑布和喷水池的照明要能增强其观赏性，设计需注意灯光须透过流水以造成水柱的晶莹剔透和闪闪发光。

彩色装饰灯可制造节日气氛，映射在水中更为美丽，但这种装饰灯光不易获得宁静、安详的气氛，也难以表现出大自然的壮观景象，只能有限度地进行调剂使用。

照明类型须与植物的几何形状相一致；对淡色和耸立中的植物，可用强光照明；还可用同色光源去加强植物的外观。

花坛照明可采用蘑菇式灯具向下照射，且灯具需要放置在花坛的中央或侧边，灯具的高度取决于花坛的高度。

图4-31 植物饰景照明

图4-32 花坛照明

图4-33 水景照明

图4-34 景观艺术品的饰景照明

图4-35 景观雕像的照明

图 4-31	图 4-32
	图 4-33
图 4-34	图 4-35

对于某些艺术品，材料的颜色是一个重要的要素，其照明一般建议用白炽灯，这样的照明能具备比较好的显色性。此外，还可通过使用适当的汞灯、金属卤化物灯、钠灯等，增加材料的颜色。

雕像的照明通常是照明脸部的主题部分以及雕像的正面，背部照明要求较低。但也有在某些情况下，完全不需要照明，凡是可能在雕像面部产生不愉快阴影的方向都不能施加照明。

静水的照明主要照射水岸边的景象，这必将在水面上反射出令人神往的壮观，且会分外具有吸引力。

图4-36 台阶踏板

踏板应设置1%左右的排水坡度，如果有多个休息平台，则彼此间的最大高差应该是1500mm。此外，针对落差大的台阶，为了避免雨水从台阶上跌落下来，应在台阶两端设置排水沟。

图4-37 台阶扶手设计

台阶扶手不同于栏杆，在设计时应结合不同的使用场所，要充分考虑扶手的强度、稳定性、耐久性、功能性和装饰性。室外台阶踏步级数超过3级时就必须设置扶手，以方便老人和残疾人使用。

图4-38 路缘石

图 4-36 | 图 4-37
———————
图 4-38

四、功能性构造设计

1.台阶

台阶是室内通往室外的交通构造，景观规划设计中台阶无处不在，广场、街道、公园等处均设置有不同形式的台阶（图4-36、图4-37）。

2.坡道

坡道是连接不同高度空间的平缓过渡构造，也是交通和绿化系统中的重要设计元素，会直接影响到使用功能和感观效果。

3.路缘石

路缘石是一种为确保行人安全，进行交通诱导，保持水土，保护植栽，以及区分路面铺装等功能而设置在行车道与人行道分界处、路面与绿地的分界处、不同材料铺装路面的分界处等位置的构筑物（图4-38）。

路缘石设计时，高度应以100~150mm为宜，用于区分路面的路缘石，要求铺设高度整齐统一，局部可以采用与路面材料相搭配的花砖或石料；绿地与混凝土路面、花砖路面、石路面交界处可不设路缘石，但是与沥青路面交界处应设置路缘石。 →

4.边沟

边沟是一种设置在庭院地面上用于排放雨水的排水沟，其形式多种多样，有铺设在道路上的L形边沟，行车道和步行道之间的U形街渠，铺设在停车位地面上的蝶形边沟，以及铺设在用地分界点、入口等场所的L形边沟（图4-39）。

5.木板栈台

木板栈台在景观中是一项很精致的构造，它能给人带来平整的持续感和观景的安全感，在这里，木板栈台主要是指木质平台和木板路两种构造（图4-40、图4-41）。

平面型边沟的宽度要参考排水量和排水坡度来确定，一般采用250～300mm；缝型边沟一般缝隙不小于20mm。此外，边沟所使用的材料一般为混凝土，有时也采用嵌砌小砾石的材料，在庭院景观中，边沟一般会采用装饰地砖或仿古砖来铺设，设计要注重色彩的搭配。

图4-39 边沟

图4-40 木板栈台

木板栈台用于室外时，所选的木材由于会遭受到温度、湿度等非常严峻的环境条件影响，设计时必须考虑到木材特有的开裂、反翘以及弯曲现象，并及时进行处理。

图4-41 木板栈台

单块甲板通常厚度应超过25mm，木板宽度不应超过150mm。此外，板材间的距离不应超过3mm，设计应注意，在铺设木板时，应将有树纹的一面朝上，避免在使用中向上弯曲以及随之而来的排水困难。

图 4-39
图 4-40
图 4-41

第四节　绿化设计

绿化一般要结合地形特点以及使用要求设计，绿地应根据结构的承载力及小气候条件进行种植设计，既要解决好排水和草木浇灌的问题，又要解决下部采光问题。此外，种植土的厚度也必须满足植物生长的要求。

一、绿化设计原则

1.网络分割原则

绿化设计需要充分发挥生态效益，使绿地相互连接，包围、分割市区，并将以建筑为主的市区分割成小块，整个城市外围也以绿带环绕，以便能充分发挥绿地的改善环境和防灾效果。

2.服务范围均匀分布原则

不同级别、类型的公园一般不能相互替代，绿化设计要使每户居民都能方便地使用就近的公园和居民区、企事业单位以及公共场所等周边的绿化公园，从而达到城市园林化（图4-42）。

3.隔离、防护、净化原则

在大气污染源、噪声源与生活居住区、学校、医院之间可用防护绿地和绿化带加以隔离，中心广场、交通枢纽也可用绿地和树木来净化空气（图4-43）。

4.结合现状原则

结合现状原则是指设计需结合山脉、河湖、坡地等建造绿地，并连成脉络，将已有的公园绿地、道路、景观、绿地以及植被较好的地段尽可能地组织到绿化系统中来。

5.意在笔先原则

意在笔先原则要体现设计意图，满足多种功能需要。绿化的配置，首先要从景观规划设计的主题、立意出发，从景观绿地的性质和功能来考虑，选择适当的树种和配置方式来表现主题，体现设计意境。

图4-42 绿地城市园林化

为了更好地促进绿地城市园林化，可加大城市绿地的覆盖率，并对其分布范围进行规划。

图4-43 医院区绿地

医院区的绿地覆盖率要大于其他区域，且该区域绿地不仅要具备净化空气的功能，还需具备一定的观赏性。

图 4-42 | 图 4-43

6.地域性原则

地域性原则要求配置景观树木除了要体现一般设计意图之外，还要满足景观树种的生态要求，只有满足景观树木对光照、水分、温度、土壤等环境因子的要求，才能使其正常生长并保持较长时间的稳定，同时充分地表现出设计意图（图4-44）。

7.季候性原则

季候性原则要体现色彩季节变化和发挥植物本身的形体美，树木的季节变化能够体现景观设计的时空感，并因此体现树木丰富多彩、交替出现的优美意境，做到四季各有重点（图4-45）。

8.经济性原则

经济性原则是在发挥景观观赏树木主要功能的前提下，树木配置还需尽量降低成本，最好能创造一定的经济价值。降低成本的途径主要有节约并合理使用名贵树种，多用乡土树种，尽可能用小苗，遵循适地植树原则；创造经济价值主要是指种植有食用、药用价值及可提供生产、生活原料的经济植物。

★小贴士

树池与树池箅

1.树池是树木在移植时根球（根钵）所需的空间，一般由树高、树径、根系的大小所决定。树池深度至少深于树根球以下250mm。树池箅是树木根部的保护装置，它既可以保护树木根部免受践踏，又便于雨水的渗透和步行人的安全。

2.树池箅子应选择能渗水的石材、卵石、砾石等天然材料，也可选择具有图案拼装的人工预制材料，如铸铁、混凝土、塑料等，这些护树面层宜做成格栅装，并能承受一般的车辆荷载。

图4-44 满足地域性的绿化

在进行绿化设计时要考虑在不同日照情况下，植株的生长情况也会不同，设计需要遵循树种和花种的习性，并以此为设计依据对其进行绿化分区。

图4-45 季节性绿化

设计要充分利用景观树木变化多端的外形，并根据实际需要选择正确的配置方式，以此来营造更美好的景观空间。

图 4-44
图 4-45

二、绿化设计手法

1.注重功能分区

在进行绿化设计时，应确保整体布局的平衡及各个部位对应的恰当空间，设计确认用地及周围的状况是否协调，例如停车位的位置要考虑与前面道路之间的关系（如宽度、道路坡度及用地各方位的高差关系），与邻接用地之间的间距、高差、邻接地的建筑窗户的位置和高度、晾晒场地等的位置（图4-46、图4-47）。

2.适地适树

适地适树要求绿化植物的生物学特性与绿化造林的生态环境相适应，树种栽植后是否能达到适地适树，必须以满足绿化要求的程度为指标，且每种植物的观赏价值不同，在景观中各具用途，既要选用不同层次、不同色彩的乔木、灌木、草相结合，花期合理搭配，达到亮化、美化和绿化的目的，又要使土地和树种相适应。

3.选择抗性强的植物

抗性强的植物是指植物对土壤的酸、盐、旱、涝、贫瘠等，以及对不良气候条件和烟尘、有害气体等具有较强的抵抗能力。此外，在大量选择抗逆性强的树种的同时，还要选择树姿端庄、枝繁叶茂、冠大荫浓、花艳芳香的树种加以配置，这样才能形成千姿百态的绿化效果。

4.乔木、灌木和草本相结合

绿化设计应实行落叶乔木与常绿乔木相结合，乔木、灌木和草本相结合的方法。适量地选择落叶灌木和常绿灌木是十分重要的，因为灌木不仅能增加绿化量，还能起到增加绿化层次的作用。在进行景观规划设计时，除乔、灌木及花卉外，还应大力发展草坪植物与地被植物。总之，植物选择应以乔木为主，同时结合灌木、藤本、地被与花卉，这样才能创造出丰富的绿化效果。

图4-46 植被分析图
绿化设计必须分析欲借景使用的最佳观景地的营建及是否有需要被遮挡的部分，并要注意掌握原有树木、邻接用地的植被状况以及设备箱位置的整合性等。

图4-47 绿化分区
绿化设计区域需单独设计，用于确保私密的植物、强调重点的区域，与植物亲密接触的区域，以及面向外部的形象栽植区域，这些区域在设计时都应考虑整体的协调性，并结合各自目的做好设计。

图4-46 | 图4-47

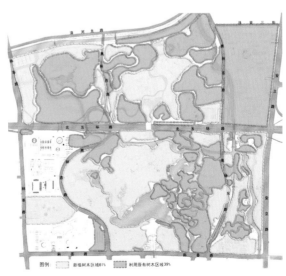

三、绿植设计要素（表4-4、表4-5）

表 4-4   树木的配置方式

配置方式	图例	设计细节
孤植		孤植树主要表现出植株个体的特点，突出树木的个体美，孤植树种植的地点，要求比较开阔，不仅要保证树冠有足够的空间，而且要有比较合适的观赏视距和观赏点
对植		对植是指用两株相同或相似的树，按照一定的轴线关系，作相互对称或均衡的种植方式，主要用于强调庭院道路和出入口；规则种植中，一般采用树冠整齐的树种，一般乔木距建筑物墙面要保持 5m 以上，小乔木和灌木可酌情减少，但不能太近，至少要 2m 以上
丛植		配植树丛的地面，可以是自然植被、草坪、草花地，也可配置山石或台地，在处理植株间距时，要注意在整体上适当密植，局部疏密有致，并使之成为一个有机的整体；设计应尽量选择有搭配关系的树种，要阳性与阴性、快长与慢长同现，使其能在统一的构图中表现个体美
篱植		凡是由灌木和小乔木以近距离行距密植，栽成单行或双行的、结构紧密的规则种植形式，均称为绿篱或绿墙；一般作为雕像、喷泉、小型庭院设施物的背景，并采取特殊的种植方式构成专门的景区；设计可运用灵活的种植方式和整形修剪技巧，构成绵延起伏的景观
列植		列植又称为带植，多应用于临街或围墙的边侧，也适用于行道树、绿篱、林带及水边种植，种植的乔木需按一定的株行距成排成行地种植，或对株距做变化处理；栽植宜选用树冠体形比较整齐的树种，如圆形、卵圆形、倒卵形、椭圆形、塔形或圆柱形等
群植		群植是由多数乔灌木混合成群栽植而成的种植类型，设计时树群应布置在有足够距离的开敞场地上，如靠近林缘的草坪、宽广的林中空地、水中的小岛屿或宽阔水面的水滨等地方；并注意树群主立面的前方，至少要在树群高度的 4 倍、树宽度的 1.5 倍距离上留出空地，供人欣赏

配置方式	图例	设计细节
中心植		中心植一般在重要的位置，如对称式景观区域的中央、轴线交点等重要部位，可以种植树形整齐、轮廓端正、生长缓慢、四季常青的观赏树木
正方形栽植		正方形栽植是按方格网在交叉点种植树木，这种种植方式透光和通风性好，便于管理和机械操作，但幼小的树易受干旱、霜冻、日灼及风害，又易造成树冠密接，应用该种方式进行绿化设计时需注意树种的选择并提前做好树种缺失的准备

表 4-5　　　　　　　　　　　　　　　　　　　绿化布局方式

布局方式	图例	设计细节
借势造景		树木的气场是指能影响周围环境的树木本身固有的气势方向，气场分强度与范围，布局时应结合树木气场的方向，并将其完美的姿态展露在观赏者视线的正面，以便能获取更好的视觉效果
遮景		设计可用绿篱、针叶树类植物进行遮挡，在冬季，还可栽植常绿树木，并在其前种上开花类树木引开视线的注意力，以忽略常绿植物的存在。此外，在进行绿化布局时还可利用遮挡与纵深感的关系，遮挡住不想被看到的物体
若隐若现		若隐若现的技法不是采用完全封闭的方式，而是在目标物前栽植植物，或者在种植箱内种上季节性花卉，透过细小枝干和花卉的间隙隐约能看到对面，但却不能完全看清楚的模糊手法，设计可利用正面的景观树做引导
隔景		隔景是视线被阻挡、但隔而不断的空间，隔景通常有实隔、虚隔和虚实隔三种手法；完全隔景可用宽阔的地被类植物做隔景，宽松的隔景可将树木按照一定的序列栽植。此外，用绿篱做隔景时不仅要考虑功能性，还必须考虑到绿植四季丰富的自然变化
围景		围景能够给予人视野上的一种舒适感，设计时可采用木栅栏来围合空间，这样也不会显得空间过于生硬，且能与远景和街景相互协调，植物与建筑物之间也能很好地融合在一起，这对于景观规划设计的最终完成也有很大的益处

第五节　案例解析：景观绿化设计

一、中国绿化城市厦门

1.背景介绍

厦门市是我国众多沿海城市之一，别称鹭岛，简称鹭，是福建省副省级城市、经济特区，同时也是东南沿海重要的中心城市、港口及风景旅游城市。厦门位于福建省东南端，西界漳州，北邻南安和晋江，东南与大小金门和大担岛隔海相望，通行闽南方言，是闽南地区的主要城市，与漳州、泉州并称厦漳泉闽南金三角经济区（图4-48）。

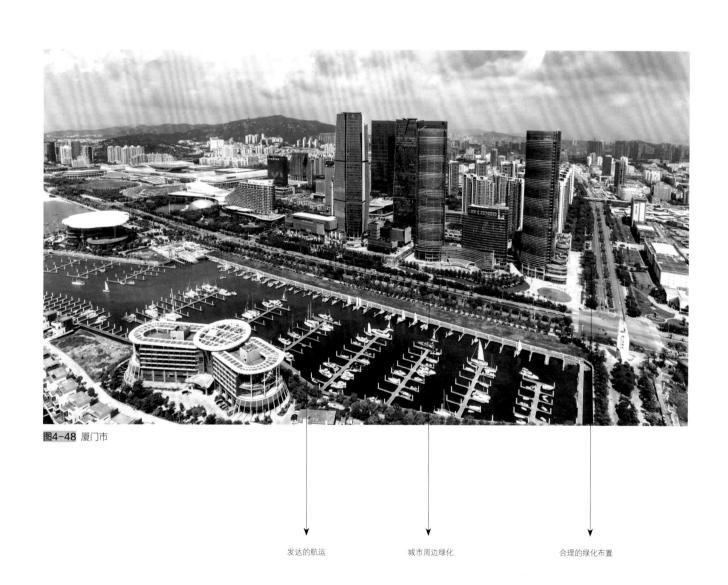

图4-48 厦门市

发达的航运　　　　城市周边绿化　　　　合理的绿化布置

厦门人均公园绿地面积（不含暂住人口）为20.35m²。建成区绿化覆盖面积为12604公顷，绿化覆盖率为41.87%。据统计，2014年厦门城市建成区面积扩大到301km²，拥有公园100个，占地面积为2418公顷；污水集中处理率93.73%；生活垃圾无害化处理率100%，是名副其实的绿化城市。

2.实景分析（图4-49～图4-55）

（a）水上景观

（b）海滨景观

厦门地形以滨海平原、台地和丘陵为主，鼓浪屿位于厦门的南面，水上运输发达，水域周边也拥有不同的景观，在进行经济开发的同时，其景观的建设也格外注重与生态环境的融合。

厦门地势由西北向东南倾斜，地势地貌构成类型多样，有中山、低山、高丘、低丘、台地、平原、滩涂等。独特的地形面貌加上得天独厚的地理位置造就了厦门与众不同的景观面貌。

（c）地势

（d）山、水景

图4-49 鼓浪屿景观

图4-50 凤凰木

图4-51 道路绿化与水景

厦门一年四季常绿，花木茂盛，市树为凤凰木，市花为三角梅，植物有效地扩大了厦门市绿化面积，并为其增添了不少色彩。

喷涌的水花为厦门带来一丝清凉，道路中心区域设置翠绿色的草坪，既能缓解驾驶者开车的疲劳，其恰当的高度也不会影响驾驶者的视线。

图4-52 道路旁侧绿化

图4-54 民宅街道绿化

在街道绿化设计上，充分结合了厦门市本土文化与景观一体，高大的行道树加上乔木、灌木、花卉的融合，形成了独特的风景线。

图4-53 环岛路绿化

图4-55 公园街道绿化

厦门南部风景区、环岛路及环岛滨海绿带、南北走向的机场路、福厦路与东西重点绿地片块已形成点、线、面有机结合的本岛绿地系统，且这些绿化设计很好地延续了历史又体现了生态特色。

二、良渚文化村街区绿化

1.背景介绍

良渚文化村由万科集团开发，总建筑面积达到了340万m²。它的村落概念、村民文化颠覆着都市与村庄的概念，让人重拾对传统的情感，重新认识和思考以村庄为表征的传统文化的价值，它的存在和受关注程度，已然在默默地见证着这一切（图4-56）。

城区之外拥有着十分繁茂的密林，植被覆盖率高。

河道周边绿化建设要同时考虑植被留存率和护坡、护岸等的建设。

城区内部绿化建设涉及街道、公园以及住宅区的绿化建设。

图4-56 良渚七贤郡街区所处区域布局规划

随着国家城镇化建设的快速发展，小城镇的绿化设计日益显现。良渚文化村的规划以新都市主义为理论基础，这一理论的特点是"限制城市边界、建设紧凑型城市""继承传统、复兴传统开发""以人为本、建设充满人情味的新社区"，提倡"尊重自然，回归自然""健康的生活方式""回归传统习惯性的邻里关系"，以及"实现社会平等和公共福利的提高"。

2.实景分析（图4-57～图4-62）

图4-57 商业空间

图4-58 住宅区

商业的整体规划借鉴了东京茑屋书店的概念，有时尚的咖啡馆、花店、宠物美容店、餐厅等体现生活方式的店铺，也有书店、小型博物馆和大片的绿地空间，以及欢乐的儿童乐园，以期营造出一种复合式的文化生活空间。这里的商业已不仅仅只满足社区居民的需求，因其独有的特色和环境，还将辐射临近的文化村和更远的市区居民。

在功能分区上，整个七贤郡社区主要由三部分组成，即住宅、商业空间、和售楼处（今后将成为一个小型艺术中心）。住宅户型以90m²左右为主，除关注生活的私密性和居住的舒适性外，还会将更多的社交功能释放给社区的公共空间，这些公共空间以主题性商业为主，辅以生活配套和休闲设施，其中住宅区的周边均设有大量的绿地。

图4-59 商业空间

图4-60 住宅区

图4-61 街道绿化

图4-62 休闲绿化

街道处的绿化包括公共路段、住宅区街道以及公园区路段等，一般住宅区街道的绿化会选择中等高度的树木搭配小型花坛，有些也会选择比较散的矮灌木种植。

自然景观主要以当地的特色为主，并加以修饰。人工绿化则是采用移步换景的设计方式，让你每处在一个区域都有别样的景致，同时起到引导的作用，休闲区的绿化就属于人工绿化。

★补充要点

绿化带

绿化带的分隔交通，具有美化城市的作用，消除司机视觉上的疲劳。种植乔木绿化带还可以改变道路的空间尺度，使道路空间具有良好的宽高比。绿化带的宽度和道路宽度比例要适宜，道路两边有建筑物，绿化带宽度不宜超过3m，并预留4m以上人行道。也可设计宽度4m以上人行道栽植一排行道树，达到基本的绿化和遮阳作用。

绿化带还可以阻挡快车道和慢车道间的灰尘扩散。在环境保护方面，首先是增加了绿化覆盖率；其次低矮灌木和一些乔木可以通过光和作用来净化空气，同时降低噪声。作为城市绿地中的道路绿地，分车绿带、行道树绿带，分隔了上下行机动车道、机动车道与非机动车道、非机动车道与人行道。

本章小结：

山石、水景、构造以及绿化均是景观规划设计中比较重要的细节设计，山石赋予了景观设计硬朗感，水景赋予了景观设计柔和感和壮阔感，构造赋予了景观设计立体感，而绿化则赋予了景观设计色彩感和清新感，这几个设计缺一不可，它们协调地组合在一起，为景观规划设计提供了更多的可能性。

第五章

景观规划细节设计

学习难度：★★★★☆

重点概念：地面铺装、景观雕塑、景观小品、滨水景观

章节导读：进行规划设计时一定要注意细节处的处理，从地面材料的选择与施工到景观雕塑与小品等的设计，都需要十分重视，以达到更好的质量与视觉效果。此外，具备实用性和观赏性于一体的滨水景观，在设计时要具有科学性，必须在保证基本生态发展的前提下进行项目的开发，其他一些小型的建筑构造在设计时也必须要统筹全局，必须要科学地进行景观规划，确保其可持续发展。

第一节　地面铺装设计

景观铺装存在于自然界美好的环境之外，但又不可能脱离由自然环境人为创造的景观环境，它必然隶属于特定的环境，并成为融会于其中而与之有机共生的组成部分。此外，景观铺装根据使用的材料与组合方式又可分为硬质铺装与软质铺装。其中，硬质铺装主要由混凝土、砖、石板、鹅卵石、碎石等铺装而成；软质铺装则是指铺装中的绿化配置与组合。这也是景观环境特色的决定性因素之一。

一、概念

铺装是景观规划设计的重要内容，它和植物、建筑、水体等构成了立体的园林环境，在塑造城市景观、提高城市品位方面起着积极的作用。在景观环境中，景观铺装是为满足交通、运动、休闲等活动功能而进行的人工地面铺装，要在满足实用功能的前提下提高景观铺装的文化内涵，最终创造出以人为本、人地和谐的景观（图5-1、图5-2）。

1.传统景观铺装

传统景观铺装的发展主要为三个阶段：第一阶段为夯土地面，即自然的泥土地，在其表面进行夯实或铺一些细沙、坑灰等；第二阶段为砖铺地面，春秋时期就有铺地的地砖，还有模印铺地的花砖，用地砖铺地能使地面平整稳固，防止泥泞，便于清洁；第三阶段为石铺地面，最早出现于元代。

图5-1 景观铺装特性
景观铺装以其功能性、导向性和装饰性服务于整体景观环境，具备耐损、防滑、防尘、排水、容易管理等特性。

图5-2 具备文化特色的景观铺装
精心设计的景观铺装不仅能给人以美的满足，还能通过其特有的图案或形式体现场地特有的文化特征，形成独特的场所精神。

图 5-1 ｜ 图 5-2

图5-3 丽江古城地面铺装

古城的街巷全部采用角砾岩（俗称五花石）铺装而成，具有雨季不泥泞、旱季不飞灰的特点，石上花纹图案自然雅致，精致细腻，与古城环境十分协调。

图5-4 太和殿地面铺装

太和殿的地面铺装在进行规划设计时要考虑到整体建筑与周边环境的协调性，同时由于该处人流量较大，其地面铺装还应具备防滑和易清洁等特点。

图5-3 | 图5-4

从考古发现和现存的文物古迹来看，我国传统景观铺地艺术无论是铺装的图案纹样还是铺装的形式都是十分丰富的（图5-3）。例如，春秋战国出土的"米"字纹、几何纹铺地砖，唐代以莲纹为主的各种"宝相纹铺地砖"等，其工艺和雕刻都非常精美。

比较典型的是故宫的太和殿，其铺装和道路堪称一绝。殿前有纹理与构型均匀一致的青砖铺地，连同周围的白色石质围栏，不仅明确地限定了皇宫中这一专门用于国家重大典礼、重大节目活动的场所范围，而且作为一块巨大的"底板"，将这座富丽堂皇的巨型宫殿衬托得更为宏伟（图5-4）。

★补充要点

如何更好地进行景观铺装设计

1.因地制宜，统筹建设。在景观铺装过程中运用因地制宜的方法对城市景观进行规划，并对城市景观设计原址的地质地貌、民族风格及植被水利等进行充分了解，站在统筹安排和规划的角度，掌握宏观方向，重视细节设计。

2.坚持可持续性与生态性原则。设计应与生态原则相结合，不仅能够对用水用地进行节约，还能有效地对地下水进行补充，便于新能源的运用。

3.积极发掘景观环境中的民族文化资源。设计要融合多元化文化，并考虑整个城市的和谐发展，创造充满活力的城市公共系统，展现未来城市景观规划的创新理念。

图5-5 国外景观铺装

利用彩色人行道加强人行道与车行道边界的界定，给行走其上的人们提供心理上的舒适感和安全感。

图5-6 圣马可广场地面铺装

地面采用不同颜色的板材铺砌成美观大方的图案，能给人以方向感和方位感。

图5-7 坎波广场地面铺装

这是由9个三角形的铺装面形成的倾斜的扇面广场，整个广场散发着一种浓郁的浪漫气息，满满的欧洲情调。

图5-8 罗马市政广场地面铺装

广场地面采用深色小块石铺地，通过白色板材条纹分割构成整幅图案，辉煌壮观，增添了空间的整体感。

图 5-5	图 5-6
图 5-7	图 5-8

2.国外景观铺装

国外有一些国家在完成城市交通基本建设后，都比较重视景观铺装的发展，经过多年的努力，国外在铺装景观的理论研究和实践方面均取得了十分显著的成绩（图5-5、图5-6）。

国外的景观铺装史同样可分为三个阶段：第一阶段为发展初期，为了防止雨季道路泥泞，需要提供具有足够强度、平整度好的晴雨路面；第二阶段的特点是随着汽车交通以及人口的飞速增长，道路拥挤，为解决这一难题，各国在道路网规划设计，线形的平、纵、横几何设计，以及提高道路通行能力等方面进行了不懈的努力，并较好地解决了这一难题；第三阶段则是机动车辆的超饱和给社会、环境带来了灾难性的影响，提高道路在景观中的美学功能，保护环境成为这一时期的主要特点。此外，欧洲的铺装历史同样源远流长，所用的材料都是容易获得的自然物，其中尤以石材最好，最早的石材铺装可追溯到公元前5世纪以前（图5-7、图5-8）。

二、分类与作用

1.分类

景观铺装是人们日常生活环境的重要组成部分，可根据分类标准不同分为多种不同类型（表5-1）。

表 5-1 　　　　　　　　　　景观地面铺装标准与类型

序号	分类	内容
1	选用材料	花岗岩、大理石、人工砖、鹅卵石、青石、沥青、混凝土等
2	材质质地	硬质、软质、软硬结合
3	设计目标	使用功能、装饰效果
4	使用场所	广场、园林景观、住宅区、商业区、人行道、车行道、停车场等

景观道路可分为两大类：一是供一定数量的车辆通行的快行道路，包括公路、城市交通干道、次干道等；另一路则是供行人走的慢行道路，包括人行道、各种步行街道及景园小路等。多数情况下，快行道与慢行道可以结合在一起，以便满足不同交通需要的人群使用。

2.作用

美化环境，改善人类生存空间的质量，创造人与自然、人与人之间的和谐是景观设计的最终目的，良好的景观铺装可以使人们的生活空间更为怡人（图5-9、图5-10）。

良好的铺装能让空间层次丰富且井井有条，能与环境相协调，美化城市空间的底界面，还能保持生态的可持续发展，有利于居民的身心健康发展。

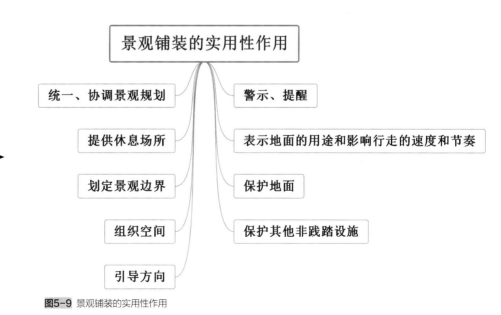

图5-9 景观铺装的实用性作用

图5-10 景观铺装的艺术性作用

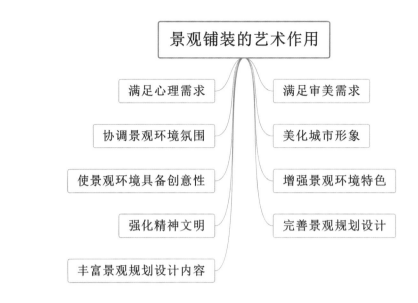

在给景观铺装设计足够重视、合理运用各种艺术手法的同时，也要更加注重景观铺装的生态效应，达到功能性、艺术性和生态性的完美结合，实现空间景观资源的最大化利用。

★小贴士

不同国家的人行道

美国路易斯堡市的人行道，用白线划分成三条道，喜欢看橱窗闲逛的人可走内侧道，习惯慢步行走的人可走中间的道，急于赶路的人则可先走外侧道；新加坡的一些人行道采用彩色水泥砖或天然的有色石块铺成，被称之为"彩色人行道"；而澳大利亚布里斯班市河畔的步行道铺装考究，辅有一些带特殊图案的彩色路标，使步行活动更具趣味性。

三、铺装设计方法

1.设计原则

（1）功能性原则。功能性原则是所有实用性设计所遵循的一条基本原则，也是它们存在的依据，景观铺装设计更是这样，有时功能性甚至超出其他任何要求。必须明确的是景观铺装是为广大的普通大众所使用的，实用性是它存在的前提。这种实用性不仅要求景观铺装的技术与工艺性能良好，而且还应体现出能与使用者生理及心理特征相适应的程度（图5-11、图5-12）。

（2）以人为本的原则。以人为本的思想起源于欧洲文艺复兴时期的人文主义，人文主义主张一切以人为本。景观规划设计的最终目的是服务于人民，因此其所有的设计内容均需以人为本。

在景观铺装设计中要充分考虑人的需求，应充分利用地形，结合绿化、水体、各类小品等，结合周围环境，创造出自然环境美，给人以亲切自然的倾向，这样才能真正做到以人为本。

（3）尊重、继承和保护历史的原则。城市是人类社会发展的产物，也是一种历史文化现象，每个时代都在城市的发展历史上留下了自己的痕迹和烙印。城市的景观环境中那些具有历史意义的场所往往给人们留下较深刻的印象，也为城市建立独特的个性奠定了基础。例如石质铺装流露着历史文化的特征，引起人们的思考和联想，而精心设计的模式和图案则展现了现代风貌，给人们留下深刻的印象。

（4）可持续发展原则。可持续发展是指既满足当代人的需求，又不损害后代人满足需要能力的发展。在景观铺装设计中要考虑各类人群的不同需要，营造优雅宜人的城市空间，以不损害、不掠夺后代的发展为前提，合理利用资源，研制开发耐久性好、装饰性能强且施工方便的新型材料，创造出经久耐用、赏心悦目的铺装景观。

（5）满足视觉特性的原则。现代街路景观是一种动态的系统，而街路环境美学是一种动态的视觉艺术，动也正是它的魅力所在。在景观铺装设计中，要因地制宜，根据街路空间性质选择一种主要路段使用者的视觉特性作为设计依据，例如广场、步行街等。

铺装设计应该满足步行者的视觉要求，步行者的视点可分为"远景视"和"推进视"，远景视即步行者站在地势较高处俯瞰街景中的铺装，推进视是指步行者行走在道路、广场上的时候观看脚下的铺装，在铺装设计中不但要注意"远景视"时的整体性，还要仔细研究"推进视"时的细部创意。

图5-11 适用于老幼的防滑地面

老年人动作迟缓，感觉能力下降，而儿童喜欢快走，没有危险意识，因此所设计的地面铺装必须具备比较好的舒适性和安全性。

图5-12 具备合理性和便捷性的地面铺装

铺装设计应该根据具体的功能需要为其提供相对应的形式，在进行具体的规划设计时要考虑施工后的便捷性与合理性。

图 5-11 | 图 5-12

（6）协调性原则。景观铺装设计必须考虑铺装景观与周围环境的协调性。所参考的建筑不同，铺装景观的形式也会有所不同（表5-2）。

表 5-2   不同类型的建筑

分类	图例	铺装设计细节
主体建筑		具有权威性，或表现经济能力，或具有较高艺术价值，或突出其高大雄伟，在主体建筑的景观铺装设计中，要选用相同要素的铺装材料，注重整体气质的把握
纪念性建筑		受人崇敬，常被作为一种艺术品来进行设计和建造，在纪念性建筑的景观铺装中，要注意对区域的划分
宗教建筑		是一种信仰中心，也是一种艺术创作物，其景观铺装设计要注意了解不同宗教的信仰与禁忌，规避不适合的要素出现
特殊形式构筑物		如电视塔、接收塔，此类构筑物的景观铺装要注重简洁干练，突出主体
标志性建筑		城市的代表性建筑，其景观铺装要与周边环境相协调
历史性建筑		具备历史价值的建筑，其景观铺装要具备文化特色

2.设计元素

景观铺装的设计元素主要包括色彩、质感、构形、纹样、尺度、高差及边界这七大点（表5-3）。

表 5-3 景观铺装设计元素

设计元素	图例	设计细节
色彩		在景观铺装设计中，合理利用色彩对人的心理效应，如色彩的感觉、表情、联想与象征等，可以设计出别具一格的景观铺装。例如，红、橙、黄等纯色能给人以兴奋感，蓝、绿色能给人以沉静感；兴奋色铺装能够营造喧闹、热烈的气氛，沉静色铺装给人优雅、娴静之感等
质感		质感通过材料的表面特征给人以视觉感受，达到心理的联想和象征意义，质地细密光滑的材料给人以优美华贵之感，质感粗糙无光泽的材料给人以粗犷朴实之感，景观铺装的质感与环境和距离有着密切的关系。铺装的好坏，不只是看材料的好坏，同时也决定于它是否与环境相配
构形		点：在人行道的铺装构形中，常采用序列的点给人以方向感，在园路的铺装处理中，点的排列打破了路面的单调感，充满动感与情趣；不同方向的线，会反映出不同的感情性格；不同曲线形的面组合形成的铺装极具现代感和跳跃感
纹样		纹样起着装饰路面的作用，铺装的纹样因场所的不同而发生改变，铺装中的纹样可分为单独纹样和连续纹样，其中单独纹样还可分为适合纹样、角纹样和边缘纹样；连续纹样可分为散点纹样、连缀纹样以及重叠纹样等
尺度		铺装的尺度包括铺装图案尺寸和铺装材料尺寸两方面，两者都能对外部空间产生一定的影响，产生不同的尺度感；图案尺寸是通过材料尺寸反映的，铺装材料尺寸是重点，综合运用各种材料，选择合适尺度，足以营造个性、亲切、愉悦的环境特征
高差		景观中可以利用高差的变化对环境空间进行分割，避免各个区域之间的干扰，用铺装来处理高差的变化，可以方便行人行走，保证步行交通的安全，也可以限定空间，使人产生不同的环境感受
边界		边界是指一个空间得以界定、区别于另一空间的视觉形态要素，边界处理同样是铺装景观设计中不容忽视的问题，构思巧妙的边界形式可为整个铺装增添情趣与魅力特色，当铺装与绿化结合时，采用模糊性边界可弱化人工环境与自然环境的冲突

第二节　景观雕塑设计

雕塑与建筑都是通过一定的空间占有来表现其存在性的，这种对空间的占有形成了对占有空间的影响和控制，其造型控制了占有空间的审美构成，同时也对空间性质产生了影响。雕塑艺术所要承载的文化意蕴，一方面要注意中国文化的特性，考虑到东方文化和西方文化的共同性；另一方面也要考虑到东方文化与西方文化的差异性。吸收西方文化的精粹是必要的，但我们的立足点应该是中国文化。

一、分类与作用

雕塑艺术除了具有造型和形式之外，最重要的是具有着深刻的人类历史、精神和文化内容的承载和意蕴，要更科学地进行景观雕塑的设计，而这前提是必须了解景观雕塑的分类，以及景观雕塑在社会和环境中所起到的作用，明确这些，才能帮助我们更深刻地进行景观雕塑设计。

1.分类

景观雕塑依据功能和形式有不同的分类，具体见表5-4。

表 5-4　　　　　　　　　　　　　　　　景观雕塑的分类

分类		图例	设计细节
按照功能划分	纪念性雕塑		用来纪念或缅怀重大事件活动的人或事，一般使用能长期保存的雕塑材料，主题鲜明，多在户外，雕像主体是整个场所的控制性视点
	主题性雕塑		是某个特定地点、环境、建筑的主题说明，设计要求能与周边环境相结合，并点明主题，甚至升华主题，所设计的雕塑要能使公众明显感觉到该环境的特性
	装饰性雕塑		是以装饰为目的而进行的雕塑创作，设计强调主体对客体的感受，注重艺术规律和形式美法则，偏重趣味性，注重思想化的抒情
	功能性雕塑		设计强调环境雕塑和使用功能的结合，要求兼具实用性和艺术美，在美化环境的同时，也能丰富公众的生活环境，且还能在一定程度上启迪公众的思维
	陈列性雕塑		陈列性雕塑是城市雕塑的一种特殊类型。设计中要求与周围环境互相协调统一，互相衬托，可以移植到城市室外的某一个地方，永久地陈列起来，供人们参观欣赏，而且得到人们的认可，为人们所接受

分类	图例	设计细节
按形式划分	圆雕	指非压缩的,可以多方位、多角度欣赏的三维立体雕塑,圆雕不适合表现太多的道具、烦琐的场景,设计中要求只用精练的物品或其局部来说明必要的情节,以烘托人物,形体起伏是圆雕的主要表现手段
	浮雕	浮雕一般是附属在另一平面上的,因此在建筑上使用更多,用具器物上也经常可以看到,设计中要求在内容、形式和材质上能做到丰富多彩,既能保持建筑式的平面性,同时也能具备一定的体量感和起伏感
	透雕	去掉底板的浮雕被称为透雕,也称镂空雕。设计中要求能够产生一种变化多端的负空间,并使负空间与正空间的轮廓线有一种相互转换的节奏。一般透雕的雕塑可作两面观赏

★小贴士

中西雕塑的区别

西方雕塑与中国雕塑的区别需要从几方面来分析:首先,社会公众对他们而言就有本质上的区别。在西方,雕塑从业人员被称为雕塑家,他们与画家、美术家被看作同一个群体;而在中国古代,雕塑从业人员被称为工匠。伴随着西方雕塑的引入,雕塑被列为美术的重要组成部分,中国雕塑家的地位才被提升,才增加了社会公众对雕塑家的认同。这是西方雕塑与中国雕塑有何区别的其中一个原因。

其次,从实践层面来讲,在近代,尽管中国雕塑工匠与西方雕塑家在创作形式上极为相似,但是两者肩负的社会责任大相径庭。在中国,雕塑人员仍然是传统分工中的一员,其主要职责是为寺庙建筑塑像、为建筑雕刻石头。一方面,他们的创作题材有一定的界定;另一方面,从表现对象、作品所处空间等方面来讲,他们的作品缺少介入社会现实的能力。而在西方,在"工作室"自由创作的雕塑能借助作品表达自己对社会的观察,作品力量丝毫不弱于同时代的画家。

再次,接受各方定件、从中获利的西方雕塑者,其作品则可以进入各种现代社会的公共空间,比如广场、街头、公园等,从而引起更多的公众关注,也是西方雕塑与中国雕塑有所区别的另一个原因。

2.作用（图5-13）

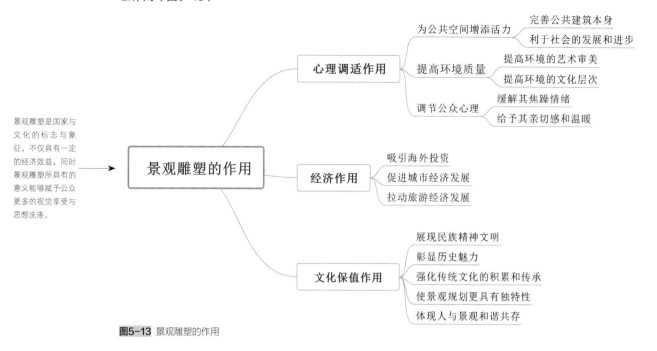

景观雕塑是国家与文化的标志与象征，不仅具有一定的经济效益，同时景观雕塑所具有的意义能够赋予公众更多的视觉享受与思想洗涤。

景观雕塑的作用

心理调适作用
　为公共空间增添活力
　　完善公共建筑本身
　　利于社会的发展和进步
　提高环境质量
　　提高环境的艺术审美
　　提高环境的文化层次
　调节公众心理
　　缓解其焦躁情绪
　　给予其亲切感和温暖

经济作用
　吸引海外投资
　促进城市经济发展
　拉动旅游经济发展

文化保值作用
　展现民族精神文明
　彰显历史魅力
　强化传统文化的积累和传承
　使景观规划更具有独特性
　体现人与景观和谐共存

图5-13 景观雕塑的作用

图5-14 设计与周边环境相符合的雕塑作品

景观雕塑在设计时要符合不同区域、不同民族的审美要求，要具备适宜的文化内涵，且在设计过程中要注意处理好与周边环境的尺度关系。

图5-15 设计能与公众交流的雕塑作品

景观雕塑要对公众起到一定的积极影响，要给予环境以活力，并能与公众之间产生心灵对话，雕塑的形式和主题要能与公众的行为和心理产生联系，从而为公众带来一种轻松而富有趣味的感受。

图 5-14 ｜ 图 5-15

二、设计要求与要素

雕塑是人们视觉的焦点，常常起到点题的作用。现有雕塑的尺度、形态、色彩、材质等相对于传统雕塑有了很大的变化，它更注重与公众的互动、与环境的协调变化。

1.设计要求

（1）社会公众的要求。公众性是景观雕塑设计中必须考虑的重要因素，景观雕塑应该注重与公众的交流，而不能是局限于完全脱离环境氛围、单纯表现个人思想的独立作品。在进行景观雕塑设计时必须要注重公众对作品的参与性、互动性以及可及性等。同时还应注重艺术作品与公众的互动和对话，这也是景观雕塑设计中的一个重要环节（图5-14、图5-15）。

设计一个成功的景观雕塑应当注重以下几个方面，首先，人的因素是景观雕塑设计中不可忽视的关键，对于景观雕塑，公众的态度更多地是从被动地接受转换为主动参与；其次，景观雕塑设计的尺度和形式，必须要符合雕塑所在的场所，还要与特定场所的人们的行为和心理活动保持一致，并试图与公众建立起某种联系。

（2）人工环境的要求。人工环境是因人类活动而形成的环境体系，在现代环境中，雕塑已经成为人工环境中的有机组成部分。一件优秀的雕塑作品，不但可以让环境更具魅力，还能使环境的人文气息得以升华，进而体现出空间环境的文化内涵。此外，一件好的雕塑作品往往会成为一个环境的标志，由于雕塑所处环境的不同，雕塑所承担的公共责任也有所不同。

雕塑在特定环境中，除了有美化环境的目的外，也是为了表达人对精神世界的感受。不同地区、不同城市、不同环境都拥有不同的历史文化和风俗习惯。在设计景观雕塑时，除了要让人们欣赏到雕塑优美的形式和它所营造的高雅氛围外，还要能从中领略到当地所特有的历史人文气息，这就要求雕塑的内容必须与人工环境协调一致（图5-16）。

（3）自然环境的要求。雕塑与自然环境之间的关系是雕塑设计的一个重要环节。自然环境是大自然历经几十亿年逐步演化而成的，自然界的绮丽风光美不胜收，令人叹为观止。环境能改变人的心理感受及行为方式，具有参与性、互动性、开放性，同样的作品放到不同的环境当中，会产生不同的视觉效果和人的内心体验（图5-17）。

（4）文化环境的要求。雕塑是人类精神活动的产物，是文化形成过程中的固化形态。城市景观雕塑是各民族的文化积累，体现了人类不断进步的生产、生活方式和不断向上的理想与追求。优秀的景观雕塑设计应该把握好城市空间系统中人文与自然环境之间的和谐关系，并使设计具有更强、更严密的逻辑性、秩序性和有机性（图5-18、图5-19）。

图5-16 具备形式美的雕塑作品

景观雕塑要具备天然的艺术特色，要能与自然环境和人工环境相互融合、相互影响、协调共生，并能彰显人工环境的艺术之美。

图5-17 海域景观雕塑

景观雕塑在设计时要与自然环境统一、协调地联系起来，并能使雕塑作品具有永恒的艺术生命力，例如靠近海域的景观雕塑，可结合海域历史和当地自然环境特色，综合设计。

图 5-16 | 图 5-17

图5-18 具备城市特色的雕塑作品

景观雕塑在设计时应突出城市的个性特征，做到对历史文化的尊重与艺术价值的深化，在具备环境整体美的同时还具备民族特色及区域形式美。

图5-19 兼具文化气息和艺术审美的雕塑作品

景观雕塑在设计时既要满足人们对自己所居住环境的艺术质量要求，还需在文化领域反映人们不断提高的精神需求。

2.设计元素

具体设计元素见表5-5。

表 5-5   景观雕塑设计元素

设计元素	图例	设计细节
形状		点：从雕塑的立体构成上看，点是有体积有形状的，有规则或无规则的
		线：线是雕塑的立体构成中通过交错、重叠、环绕这些具有较强的形式美感与节奏动感的要素组成，其中直线也称硬线，有简单、明了、直率、快捷、有力之感，具有男性阳刚之美；曲线也称软线，给人以圆润、柔和、运动、变化之感，具有女性的阴柔之美
		面：在雕塑中面的运用非常的广泛，面可以叠加、组合、渐变、旋转、扭曲等等，极大丰富了雕塑的表现语言，面与点材、线材的综合使用，带来了雕塑立体语言的生动性和形式的多样性
		体：雕塑中的三元体把几何学上无重量、无实际体用的三次元转化为有重量、有实际质的立体的形式表现，从而在雕塑的造型中使雕塑的立体构成表现得更加生动和厚重
色彩		利用色彩可以很好地丰富雕塑的视觉空间，其中对比色是雕塑在环境中经常用的。此外，利用颜色的明度、纯度、色相对比可以使雕塑具备更强的空间感，利用明暗对比则能体现雕塑的凹凸感
材料		材料的不同质感能传递不同的情感，雕塑的形象是借助材料呈现出来的，现代文明中的玻璃、钢铁、塑料、橡胶、纤维、纸张等新材料均可用于制作雕塑，多种加工手段也使得雕塑的形式更丰富
尺度		尺度是寓于作品尺寸中的美感和比例感，不同的尺度能表达不同的情感，影响尺度的因素主要有人、环境以及雕塑本体，在进行景观雕塑设计时要处理好这三者之间的尺度关系
空间		空间关系是指景观雕塑主体空间与环境空间之间存在的具有空间特性的关系，雕塑的方位布局并没有固定的位置与模式

三、设计步骤（图5-20、图5-21）

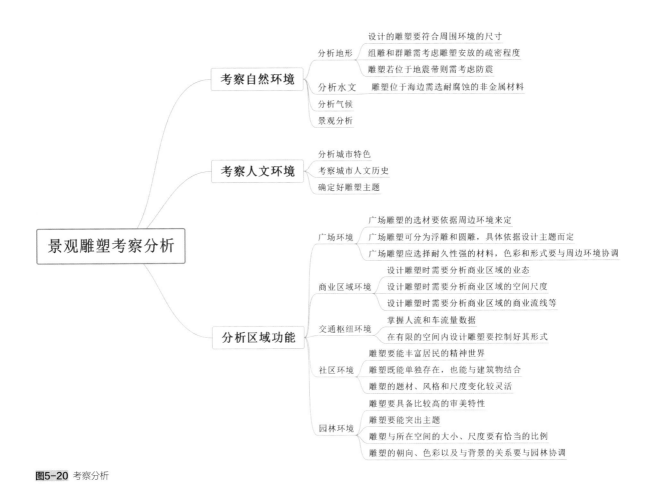

图5-20 考察分析

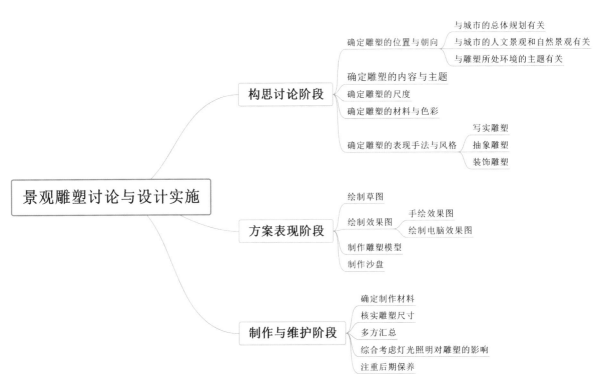

图5-21 讨论与设计实施

第三节　景观小品设计

景观小品泛指园林景观中常用的小型构筑物，也被称为园林建筑小品。小品一词起始于晋代，"释氏《辨空经》有详者焉，有略者焉。详者为大品，略者为小品"。明确指出了小品是由各元素简练构成的事物，具有短小精悍的特征。

一、分类及作用

1.分类

景观小品可分为装饰性景观小品和功能性景观小品，具体可见表5-6。

表 5-6　　　　　　　　　　　　　　　　　　　景观小品分类

分类		图例	设计细节
装饰性景观小品	雕塑小品		雕塑在景观环境中往往用寓意的方式赋予景观环境鲜明而生动的主题，提升空间的艺术品位及文化内涵，使环境充满活力与情趣，雕塑小品还可分为预示性雕塑、故事性雕塑、动物雕塑、人物雕塑和抽象派雕塑等
	水景小品		水景小品是主要以设计水的五种形态为内容的小品设施。在规则式园林绿地中，水景小品常设置在建筑物的前方或景区的中心；在自然式绿地中，水景小品常取自然形态，与周围景色相融合，体现出自然形态的景观效果
	围合与阻拦小品		包括景观中隔景、框景、组景等小品设施，花架、景墙、漏窗、花坛绿地的边缘装饰、保护景观设施的栏杆等。这类小品多数为建筑物，对景观的空间形成分隔
功能性景观小品	展示设施		包括各种导游图版、路标指示牌，动物园、植物园和文物古建、古树的说明牌、阅报栏以及图片画廊等，对游人有宣传、引导、教育等作用。设计良好的展示设施能给游人以清晰明了的信息与指导
	卫生设施		包括垃圾箱等，是环境整洁度保障，营造良好景观效果的基础，在进行卫生设施的设计时不但要体现功能性，而且其形式与材质等要做到与周边环境相协调
	灯光照明小品		包括路灯、庭院灯、地灯、投射灯等。设计中要求不仅要具有实用性的照明功能，突出其重点区域，同时本身的观赏性也可成为景观绿地中饰景的一部分，造型的色彩、质感、外观应与周边环境相协调

分类		图例	设计细节
功能性景观小品	通信设施		通信设施通常指公用电话亭，由于通信设施的设计通常由电信部门进行安装，对色彩及外形的设计与景观规划设计本身的协调性不一致，通信设施的安排除了要考虑游人的方便性、适宜性，同时还要考虑其视觉上的和谐与舒适
	休憩设施		包括亭、廊、餐饮设施、座凳等，休憩设施设计的风格与景观环境应该构成统一的整体，并且要满足不同服务对象的不同使用需求，其位置、大小、色彩、质地应与整体环境协调统一，形成独具特色的景观环境要素
	音频设施		常运用于公园或风景区当中，起讲解、通知、播放音乐，营造特殊的景观氛围等作用，设计要求造型精巧而隐蔽，多用仿石块或植物的造型安设于路边或植物群落当中，以求跟周围的景观特征充分融合

2.作用

具体参见表5-7。

表 5-7   室外景观小品的功能

序号	功能	分析
1	美化环境	景观设施与小品的艺术特性与审美效果，加强了景观环境的艺术氛围，创造了美的环境
2	标示区域	通过景观中的标示性的设施与小品提高区域的识别性
3	实用功能	景观小品尤其是景观设施，主要目的就是给游人提供在景观活动中所需要的生理、心里等各方面的服务，如休息、照明、观赏、导向、交通、健身等的需求
4	环境品质	通过这些艺术品和设施的设计来表现景观主题，可以引起人们对环境和生态以及各种社会问题的关注，产生一定的社会文化意义，改良景观的生态环境，提高环境艺术品位和思想境界，提升整体环境品质

二、设计原则

景观小品拥有丰富的类型，并且经常彼此相互组合，可以整合自然资源、协调生态，可以集合城市人以及周边环境和谐共生，也可以塑造城市文化、体现精神与物质、功能与审美。

1.力求与环境有机结合

景观小品作为一种实用性与装饰性相结合的艺术品，不但要具有很高的审美功能，更重要的是它应与周围环境相协调，与之成为一个系统整体。在设计与配置景观小品时，要全面考虑其所处的环境，应与小品的空间尺度、形象、材料和色彩等因素相协调，保证景观小品与周围环境和建筑之间做到和谐、统一，避免在形式、风格、色彩上产生冲突和对立。

2.实现艺术与文化的结合

景观小品要在城市环境中起到美化环境的作用，审美功能是第一属性，景观小品通过本身的造型、质地、色彩、肌理向人们展示其形象特征，表达某种情感、满足人们的审美情趣，同时也应体现一定的文化内涵（图5-22）。

3.满足人们的行为和心理需求

景观小品设计的目的是为了直接服务于人，城市环境的核心是人，人的习惯、行为、性格、爱好都决定了对空间的选择（图5-23）。景观小品的设计要根据婴幼儿、青少年、成年人的行为心理特点，充分考虑到老人及残疾人对景观小品的特殊需要，落实在座椅尺度、专用人行道、坡道、盲文标识、专用公厕等细部小品的设计中，使室外景观真正成为大众所喜爱的休闲场所。

图5-22 文化和艺术相结合的景观小品

景观小品的文化性体现在地方性和时代性当中，它在设计时需要对文化内涵不断挖掘、提炼和升华，并结合当地自然环境、社会生活以及历史文化等进行综合设计。

图5-23 底部标有盲文的展示设施

景观小品的设计必须以人为本，设计需从人的行为、习惯出发，以合理的尺度、优美的造型、协调的色彩、恰当的比例以及舒适的材料质感来满足人们的活动需求。

图 5-22 ｜ 图 5-23

图5-24 具备观赏性和功能性的休憩设施

功能性对于景观小品来说是基础性的要素，设计时应该首先考虑，例如公园里的座椅或凉亭可为游人提供休息、避雨、等候和交流的服务功能，而标识牌、垃圾箱等则可为人们户外活动提供服务功能。

图5-25 金属制作而成的景观小品

形式创新的同时应当积极进行材料、技术创新。当今景观小品的材料、色彩呈现多样化的趋势，设计应当多运用石材、木材、竹藤、金属、铸铁、塑胶以及彩色混凝土等不同材料。

图 5-24 | 图 5-25

4.满足功能的需求和技术层面

景观小品绝大多数具有较强的实用意义，在设计中除满足装饰要求外，应通过提高技术水平，逐步增加其服务功能，要符合人的行为习惯，满足人的心理需求（图5-24）。技术是体现设计的保障，技术层面要求考虑景观小品广泛设置的经济性和可行性，要便于管理、清洁和维护，还要做到尊重自然发展过程，倡导能源和物质的循环利用及其自我维护。设计时还要注意防水、防锈蚀、防霉和便于维修等各种技术问题。

5.原始材料与新材料的使用

利用先进的科技、新的思维方式，可创作出景观小品不同于以往的风格与形式。优秀的设计作品不是对传统的简单模仿和生搬硬套，而是将传统的景观文化、地方特色与现代生活需要和美学价值很好地结合在一起，并在此基础上进行提高和创新的作品，使景观小品形成别具一格的风貌特色（图5-25）。

★**补充要点**

城市景观小品存在的问题

城市景观小品作为仅次于城市建筑空间的体现者，赋予了空间环境积极的内容和意义，它们应该重新成为一个共享和接纳的场所。城市景观的品质，人们的生活质量，景观小品的优劣以及配置的适合程度等，会影响整个城市的景观形象，进而对城市综合景观的整体效果产生一定的影响。如今，满足功能舒适之余又要加上美学的要求。近年来世界各大都市均将城市景观的塑造置于重要位置，作为城市构成要素的一部分，景观小品应当与城市景观和谐一致、相辅相成。

三、设计元素

景观小品的构成元素包括造型、色彩、材料、比例与尺度、空间等（表5-8）。

表 5-8　　　　　　　　　　　　　　　　　景观小品设计元素

设计元素	图例	设计细节
造型		点：点可以表明或强调位置，形成视觉焦点，通过改变点的颜色、点排列的方向和形式、大小及数量变化来产生不同的心理效应，形成活跃、轻巧等不同表现效果，给人以不同的感受
		线：线按照大类来分有直线与曲线两种，细分还有水平线、垂直线、斜线、折线、几何曲线、自由曲线等；景观小品可通过线的长短、粗细、形状、方向、疏密、肌理、线型组合的不同来塑造线的形象，表现景观小品的不同个性，反映不同的心理效应
		面：面分平面与曲面两种，景观小品通过运用各种面的形态分类的个性特征，并通过形与形的组合，表现多样的情感与寓意
		体：体伴随着景观小品角度的不同变化而表现出不同的形态，给人以不同的视觉感受，体还常与点、线、面组合而构成形体空间，如以细线为主，加小部分的面表现，可以表达较轻巧活泼的形式效应；以面为主，与粗线结合，可以表达浑厚、稳重的造型效应
色彩		景观小品中色彩同样可明显地展现造型个性，反映环境的性格倾向，色彩鲜明的个性有冷暖、浓淡之分，对颜色的联想及其象征作用可给人不同的感受，暖色调热烈、让人兴奋，冷色调优雅、明快，明朗的色调使人轻松愉快，灰暗的色调更为沉稳宁静
材料		景观小品设计一般使用木材、石材、金属、塑料、玻璃、涂料等材料，由于景观小品被置于室外空间，材料要求能经受风吹雨淋、严寒酷暑，以保持永久的艺术魅力。此外，还需通过不同材质的搭配使用，丰富景观小品的艺术表现力
空间		景观小品作为一个实体的物质表现，是立体三维的，会占有一定的位置，景观中有漏窗的景墙设计使空间隔而不透，植物、水景的布置不仅美化了城市的景观环境，而且也起到了分割空间的作用。景观小品以其小巧的格局、精美的造型来点缀空间，使空间更加诱人而富于意境

四、设计手法

1.明确主从关系与重点

主从关系与重点法则是视觉特性在景观小品中的反映。简言之，主从关系是小品各部分的从属关系，缺乏联系的部分不存在主从关系，在设计中应善于安排各个部分以达到一定的效果，重点是指视线停留中心（图5-26）。

2.讲求对称与均衡

在景观小品设计中，为了使小品在造型上达到均衡，需要对体量、色彩、质感等进行适当的处理，其中以构图、空间体量、色彩搭配、材质等组合为相对稳定的静态平衡关系，以光影、风、温度、天气随时间变化而变化的特性，体现出一种动态的均衡关系（图5-27）。

★小贴士

景观小品的叙事性设计

景观小品的叙事性设计是构建场所意义和情感体验的有效途径。叙事性设计要摒弃历史符号的滥用，通过一个有意味的题材与结构关系创造性地将诸多空间编排成为一种具有内在张力与逻辑秩序的叙事空间。通过景观的叙事性设计，将本土的文化和哲学思想巧妙地融入现代的设计语汇中，构建场所意义和情感体验，在场地和使用者两者之间建立起精神联系的桥梁。

图5-26 主与从

景观小品在设计时要遵守主从关系，具体表现在以呼应或衬托的形式来强调主体对象，例如可采用对称的构图形式来表现景观主体一主两从或多从的结构特点。

图5-27 对称与平衡

对称能给人以庄重、严谨、条理、大方、完美的感觉，而均衡变化多样，常给人一种轻松、自由、活泼的感觉，这种对称与平衡设计手法可广泛运用于比较休闲的景观小品中。

图 5-26
图 5-27

图5-28 对比与协调

景观小品设计可对其大小、方向、色彩、虚实、表现手法、材料质地以及材料肌理等进行对比，但要注意与景观规划设计的整体布局相统一。

图5-29 节奏与韵律

景观小品可通过对其本身高低进行改变，或不断叠加，或逐渐加长或缩短、变宽或变窄、变密或变稀，或按一定规律交织、穿插等。

图5-30 寓言雕塑

景观小品在设计时可适量选用中国文化符号，还可将宗教神话传说作为设计素材，以此提升景观小品的文化感和艺术审美。

图 5-28
图 5-29
图 5-30

3.讲求对比与协调

在景观小品造型设计中常采用对比与协调的手法来丰富景观小品所在环境的视觉效果，可以增加小品的变化趣味，避免单调、呆板，达到丰富的效果（图5-28）。

4.讲求节奏与韵律

节奏与韵律又合称为节奏感，它是美学法则的重要内容之一。在景观小品的形态设计中，运用节奏和韵律的处理，可以使静态的空间产生律动的效果，既对形体建立起一定的秩序（图5-29）。

5.注意创新主题

创新能力不是凭空产生的，应该建立在相应的素质与技能的基础之上。设计时可将传统文学中艺术、书法、诗词等经典以景观小品的形式表现出来，还可将传统艺术中的皮影、剪纸、编织、绣花等作为景观小品设计主题，同时古代寓言故事中的形象也可用于景观小品的设计中（图5-30）。

★补充要点

景观小品的创意性

景观小品在设计时可通过中国文字图形化、符号化的表现特质来丰富其表现形式。例如甲骨文、篆、隶、楷等各书体的不同表现，可为当代景观小品提供丰富的视觉元素。

第四节　滨水景观设计

从字面上来理解，滨水景观包含了两个要素：一是滨水，二是景观。系统地讲，滨水就是临近水的区域、场所。这个区域包含水体，也包括一部分陆地，更包括与之相关联的一切生命体与非生命体。

一、分类

滨水景观设计是对所有与滨水区域相关的物体，包括生命体和非生命体，同时包括物质流、能量流、信息流等进行的综合处理的学科。狭义上，滨水景观设计是人类为满足可持续发展的需要，对原地理学范畴的水域及其临近区域进行空间的、审美的、功能的第二次科学设计。滨水景观的具体分类参考表5-9。

表 5-9　　　　　　　　　　　　　　　　滨水景观分类

分类		图例	设计细节
城市区滨水景观	园林区滨水景观		在进行园林区的滨水景观设计时除了要考虑必要的水体因素外，还要考虑滨水区域的绿化情况，园林区内的建筑山石如何与滨水景观达到统一等；设计要注意合理划分功能片区，因地制宜，有效利用基地高差，增强层次感，有机结合水生态与水景观，保持生态平衡
	港口滨水景观		设计要考虑到作为滨水景观的设计主体，该港口必须具有完善与畅通的集疏运系统，在设计规划时还需修筑防波堤，防波堤的形状与位置，可依据港口的自然环境来确定
	河流滨水景观		设计要遵循行洪安全的原则，遵循文化保护原则，遵循因地制宜的原则，遵循质量控制的原则
	广场滨水景观		设计时要注意生态保护，同时还需提供相应的娱乐和商业功能，要注意丰富景观的层次感，提高场地的灵活度
	居住区滨水景观		包括溪流、叠水和跌水等自然滨水景观和水池、滨水广场等人工滨水景观，设计需要具备休闲、娱乐、交流等功能，要符合使用、卫生、经济、安全、施工、美观等几方面的要求

图5-31 英国自然风景图：景观小品设计

图5-32 具备生态特色的滨水景观

图5-33 具备防洪功能的滨水景观

图 5-31
图 5-32
图 5-33

二、设计原则

1.环境优先原则

环境优先原则也被称为环境可持续发展原则，大自然赋予了人类丰富的创造灵感，为其创造提供了丰富的资源（图5-31）。

2.保护与开发平衡的原则

滨水景观设计的另一原则是要遵守保护与开发平衡的原则。在进行滨水空间各类设施的建设时，必然会与滨水区域的自然生态环境发生冲突，城市经济化进程的不断加快，促使滨水区域越来越趋向商业化，各种滨水广场及拥有休闲、娱乐、购物功能的滨水景观区不断被开发，此时的自然水体也受到冲击。因此在进行滨水景观区域的建设与开发时一定要做好综合评估报告，兼顾保护与开发（图5-32）。

3.防洪原则

防洪原则具体体现在滨水景观中建设具有防洪功能的护坡、护岸等。当有洪水来袭或者在涨水期时，这些护坡和护岸都能起到一定的防洪作用。自然生长的植物型护坡可以减缓流水对泥土的冲刷，有利于巩固河床，不同类型的石材还能带来丰富的视觉体验（图5-33）。此外，各类水生植物还能在水下给予其水下生物食物和栖息地，有助于物种的繁衍与进化。在枯水期或者没有雨水的日子里，水生植物和亲水的乔木也能美化堤岸的环境，同时还可以给游客提供一个休憩的场所，使游客更加贴近自然，亲切地感受到大自然的气息。

英国自然风景反对人为的轴线、对称和被修剪过的植物、花坛、雕塑、喷泉等矫揉造作的、呈几何形的、不自然的园林设计，崇尚以自然为主的景观设计。

滨水景观在设计时要平衡开发与生态保护之间的矛盾关系，必须以生态保护为优先原则，适度开发，并利用开发所带来的经济效益为引导，结合宣传教育，促进生态环境保护。

滨水景观在设计时可以利用水域旁自然生长的植物使之形成一条保护带，利用各类石材建立护坡、护岸等。

图5-34 图5-35

图5-34 遵从亲水原则的滨水景观

在进行滨水景观设计时，必须要遵循亲水原则，要恢复公众与水之间的亲切感，这也是恢复人类发展与水域生态之间的和谐关系的重要原则。

图5-35 植物有序且自由生长的滨水景观

在进行滨水景观植被设计时，应该注重植物多样性原则，增加植物品种，可以沿滨河两岸种植绿植，创造不同的层次感，增加植被覆盖率。

4.亲水原则

所谓亲水即是指触碰水，接近水，感受水。水是大地之源，人类的生活也与水处处相关。几千年前，人类的文明就起源于水，城市、乡镇大都依水而建，商业的开始也是从水开始，郑和下西洋昭示了航运的快速发展，各种水利建设为人类带来了更多的能源，到了今天这个科技发达的时代，我们更离不开水，比如饮用水、生活用水等，可以说，水给予了我们清澈的思想（图5-34）。

5.植物多样性原则

滨水区域中的绿色植被在改善城市气候和维持生态平衡方面起着很重要的作用，增强植物多样性，可以促进自然循环。还能保护生物多样性。植物种类的增加，使滨水区域更具有层次感，植物不同色彩的碰撞，也为滨水景观增添了不少亮点。滨水景观的整体绿化设计应该多采用自然化设计，植被区搭配时可以按照色彩来均匀排列，还可以按照高低差来进行自由搭配，但要符合植物群落的结构和生长特点（图5-35）。

★补充要点

进行生态化滨水景观设计

由于生态的系统性以及滨水空间在城市开放空间中的重要地位，生态化的滨水休闲空间设计不能只局限于局部场所的设计，而要与城市整个开放空间系统联系。即从宏观的区域生态规划以及城市生态规划和城市生态设计阶段都必须考虑。设计过程中必须整体地看待生物圈中生态系统相互依存的关系。而生态思维的一个最为重要的特点便是强调整体研究的重要性和必要性。

图5-36 美观与实用兼具的滨水景观

在进行滨水景观的设计时不能一味追求美感，还需具备实用功能，使其具备更大的使用价值。

图5-37 滨水景观具备服务性

在进行滨水景观建设时一定要突出滨水空间的公共性，以服务大众，维护社会公益为首要的规划目的。

图5-38 亲水平台护栏

亲水平台护栏要注意材料的选择，滨河绿道、骑行道等休闲、运动设施的设置则要因地制宜。

图 5-36
———
图 5-37
———
图 5-38

6.空间层次丰富原则

要使空间层次变得丰富有两种设计方法：一种是采用软质滨水景观设计，一种是采用硬质滨水景观设计。软质滨水景观设计是在种植灌木、乔木等植物时，运用沙土等偏流动性的物质形成一定的高度差，再按照植物的特色来进行立体种植；硬质滨水景观设计则是运用石材等硬质材料搭配植物形成上下层平台或者道路等来进行空间转换和空间高差，从而丰富空间层次感。

7.美观与实用原则

滨水景观设计还有一点很重要的原则就是美观和实用原则，滨水景观属于公共开放空间，是供市民和游客们休闲、娱乐、观赏的空间。美与实用的共同化才是这个时代的设计主题，在进行滨水景观设计时，应该将滨水景观的审美功能与实用功能创造性地进行结合，在设计时要重点强调滨水景观的公共性，各类设施的功能实用性与美观性，创造成人们流连忘返的生态化休闲娱乐空间（图5-36）。

8.突出滨水空间公共性的原则

经济的快速发展造就了商业的不断进步，城市滨水区域作为公共开放空间必定会成为开发商进行商业拓展的首选之地，而这些经济性的开发对于滨水区域的整体性必定会产生影响，一定程度上会影响公众亲近水体，进行其他活动。因此在进行滨水景观规划设计时一定要将各类亲水空间和公共活动空间纳入其中，建设一个可以促进积极参与公共生活、公共交流的滨水场所（图5-37）。

9.安全与城市功能相结合的原则

滨水区域的安全功能在于建设各类安全设施，例如亲水平台的护栏、防滑的石台阶等，安全功能不仅包括应对洪水的功能还有应对诸如地震、火灾等其他自然灾害的功能。这种安全功能的完善能给予人们安全感，在滨水区域进行玩耍时不会有后顾之忧（图5-38）。

城市功能则在于满足人们在城市中生活的基本需求，衣食住行样样要考虑到，购物商场的建设是必须要的。另外就是要满足人们的各种精神需求，例如审美需求、娱乐需求等，可以建设相关的娱乐设施，有特色的石材造型会是很好的设计。

三、设计元素

滨水景观的设计元素主要包括水体、护岸、水生植物以及滨水建筑，具体设计细节见表5-10。

表 5-10　　　　　　　　　　　　　　　　滨水景观分类

滨水景观设计元素	图例	设计细节
水体		液态形式的水体：滨水景观一般以轻松自在的流水为设计方向，整体滨水区域充满水的气息，各种滨水步道、亲水平台都由此应运而生 气态形式的水体：主要是通过物理加热使其富有色彩化，在滨水景观规划时可以朝着艺术化的方向设计，更多地和科技接轨，与时代接轨 固态形式的水体：滨水景观在设计时会更多地以冰雕为主，以雕琢为具体设计方向，各种体态的冰体造型，会让人眼前一亮
护岸		护岸设计在滨水景观中起着水陆交界边缘的核心作用，其设计要结合不同的功能需求，在规划与设计护岸时，要将其生态性放在首位，重点强调其安全性及便利性；护岸还须拥有治水功能，且要保证亲水性，可以让人们轻松和便捷地靠近水边
水生植物		水生植物可以理解为水域周围以及水、陆交接处的所有植物，在进行滨水景观的规划设计时要确保水生植物的多样化，并保持其自然特色，保留其原本的自然类型，科学地对水生植物进行分区
滨水建筑		滨水建筑是指滨水区域内或周边具备不同功能的建筑物，在设计时要确保滨水建筑能具备航运交通功能、休憩旅游功能、休闲娱乐功能、住家功能以及共享功能等；在进行滨水景观设计时应该将滨水区建筑设计得更具平衡感，包括色彩和外形轮廓上的平衡

★补充要点

滨水景观设计原则

1.积极推动公众参与的原则。滨水景观在设计时要积极呼吁公众积极参与到滨水景观的建设当中来，提高他们对滨水景观的热情。

2.系统与区域原则。滨水区应提供具备多种功能的区域，例如林荫步道、儿童娱乐区等，还可以结合人们的各种活动组织室内外空间，运用点、线、面相结合的方法来进行系统化的设计。

3.多目标兼顾原则。滨水景观的规划设计必须合理分区，并提供多样化的景观，依据特色布置游览路线，以满足现代城市生活多样化的要求。

四、设计步骤（图5-39~图5-41）

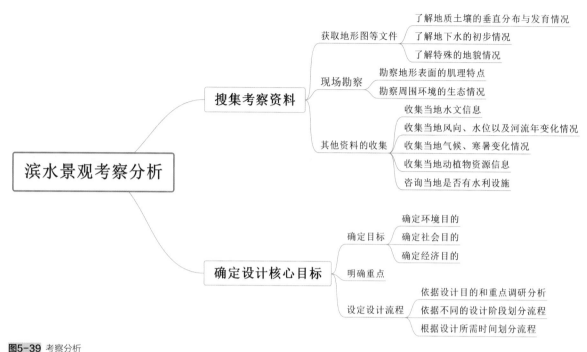

图5-39 考察分析

★小贴士

自然滨水景观分类

1.海洋景观。海洋景观是自然滨水景观类型中最具多样性和美观性的自然景观，海和洋之间存在差别，洋是海洋的中心部分，是海洋的主体。

2.湖泊景观。湖泊主要是由陆地上洼地积水形成的，水域比较宽广、流速缓慢的水体。在地壳运动、冰川作用、河流冲淤等地质作用下，地表形成许多凹地，积水成湖。按湖盆可以分为构造湖、冰川湖、火口湖和堰塞湖等，按湖水排泄条件可分为湖水通过江河排入海洋的外流湖和不能流入海洋的内陆湖。

3.河流景观。河流景观因其流域地形结构、气候条件、流域面积、流域长度等的千差万别，显示出多姿多彩的景观风貌。

4.湿地景观。广义上的湿地被定为地球上除海洋（水深6m以上）外的所有大面积水体。狭义的湿地概念一般被认为是陆地与水域之间的过渡地带，泛指暂时或长期覆盖水深不超过2m的低地、土壤充水较多的草甸，以及低潮时水深不过6m的沿海地区，包括各种咸水和淡水沼泽地、湿草甸、湖泊、河流以及泛洪平原、河口三角洲、泥炭地、湖海滩涂、河边洼地或漫滩等。

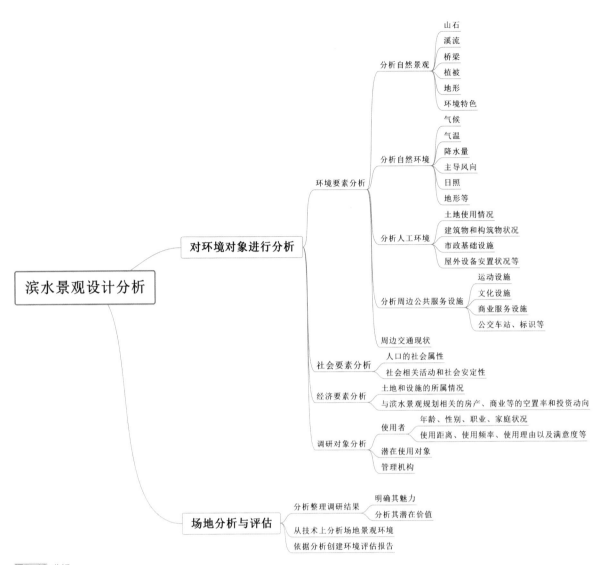

山石
溪流
桥梁
分析自然景观　植被
地形
环境特色

气候
气温
分析自然环境　降水量
主导风向
日照
地形等

环境要素分析　　　　　土地使用情况
建筑物和构筑物状况
分析人工环境　市政基础设施
屋外设备安置状况等

运动设施
文化设施
分析周边公共服务设施　商业服务设施
公交车站、标识等

滨水景观设计分析　　　对环境对象进行分析

周边交通现状
人口的社会属性
社会要素分析　社会相关活动和社会安定性

土地和设施的所属情况
经济要素分析　与滨水景观规划相关的房产、商业等的空置率和投资动向

年龄、性别、职业、家庭状况
使用者　使用距离、使用频率、使用理由以及满意度等
调研对象分析　潜在使用对象
管理机构

明确其魅力
分析整理调研结果　分析其潜在价值
场地分析与评估　从技术上分析场地景观环境
依据分析创建环境评估报告

图5-40 分析

分析是滨水景观设计中的重要环节，通过对环境要素、社会要素、经济要素、调
研对象等进行有效分析，来评估整个环境的潜在价值。

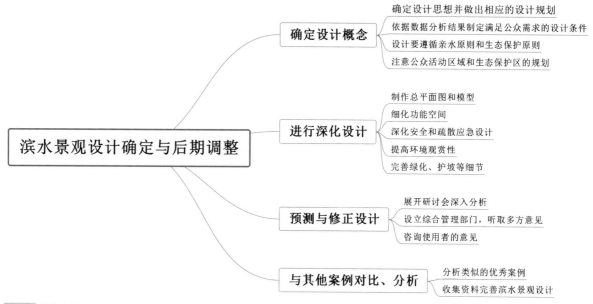

滨水景观设计确定与后期调整

确定设计概念
确定设计思想并做出相应的设计规划
依据数据分析结果制定满足公众需求的设计条件
设计要遵循亲水原则和生态保护原则
注意公众活动区域和生态保护区的规划

进行深化设计
制作总平面图和模型
细化功能空间
深化安全和疏散应急设计
提高环境观赏性
完善绿化、护坡等细节

预测与修正设计
展开研讨会深入分析
设立综合管理部门，听取多方意见
咨询使用者的意见

与其他案例对比、分析
分析类似的优秀案例
收集资料完善滨水景观设计

图5-41 设计确定与后期调整

通过前期的考察与调研活动，对整个滨水景观的环境有一个大概的认知与规划认识，这时候需要将设计方案落地，进行进一步的细化与深度剖析，通过不断完善设计方案，达到设计与实际情况的有效结合，并形成最终方案。

★补充要点

滨水景观设计方法

1.生态设计。滨水景观设计中所运用的生态设计方法主要包括基础生态学和景观生态学方法，其中景观生态学的设计方法在滨水景观设计中的应用范围极其广泛，它主要提倡系统化的生态建设，即对滨水景观应当遵循系统规划的思想，从整个流域或更大的生态系统出发来进行具体的细节规划设计。

2.功能设计。功能设计法也可以称为人文主义设计法，这表明功能设计法是以人的内心需求为主要设计对象来进行设计的。运用功能设计法进行滨水景观设计时一定要注意避免单一化的环境，应创造多功能、灵活度高的滨水活动空间。

3.文脉设计。要灵活运用场地文脉法来进行滨水景观设计，首先必须先致力于延续特定场所的历史和乡土文化，从场地历史文脉的方向出发，挖掘场地环境的历史文脉，收集各种历史信息，并且要注意地方文化、历史、自然环境特质的挖掘和继承，另外还应特别重视人工环境和这些环境要素之间的和谐统一。

图5-42 美原山石入口

以原山石作为入口处的多见于以山体为旅游景点的景区内,这种入口自带恢宏的气势,仅从视觉上就能给予公众一种气势磅礴的感觉。

图5-43 牌坊

以山门或者牌坊作为入口处的多见于历史悠久的风景区,牌坊的选材、色彩以及质感和主题等都应与景区内的风格保持一致。

图5-44 自然山石与古木结合的入口

以自然山石与古木结合的入口不多,这类入口同时具备山石的坚硬和古木的质朴,两者气质融合,能体现人文历史的文化内涵。

图 5-42
图 5-43 | 图 5-44

第五节 小型建筑构造设计

建筑构造是指建筑物各组成部分基于科学原理的材料选用及其做法,它具有实践性和综合性强的特点。这里所说的小型建筑构造主要指景观规划设计中的除大型建筑物外的其他构造,主要包括入口、亭、廊、花架、围墙、景墙以及围栏等。

一、入口

随着近代建筑的不断推陈出新,景观入口、大门设计的造型也逐渐具有了一种富有时代感的清新、明快、简约的特点。其类型也不断丰富,包括利用山石或者模拟自然山石构成入口;利用小品建筑构成入口;亭、台、廊结合自然山石及古木等构成的入口等,这些入口各有各的特点,可以充分展示时代精神和地方特色。

1.分类

(1)利用原山石或模拟自然山石构成入口(图5-42)。这种设计手法需要借助地形特征来完成,顺其自然,是一种将设计与自然相结合的处理手法,能够很好地减少浪费。

(2)利用小品建筑构成入口(图5-43)。利用小品建筑构成入口即采用山门、牌坊等小品建筑构成入口,与古建筑群可以相互呼应,自然融为一体。现代景观园中往往提取传统建筑元素,结合现代设计手法和现代材料来设计入口,烘托景观主题。

(3)亭台廊结合自然山石及古木等构成入口(图5-44)。利用自然山石及古木等构成入口是将人工与自然两种不同的处理手法相结合的形式,具有布局紧凑,主次有序的景观效果。

图 5-45 | 图 5-46

图5-45 大门宽度设计

大门、入口的宽度应由功能需要来确定，小出入口主要供人流出入用，有时提供小型推车的出入，单股人流宽度应控制在600~650mm，一般提供1~3股人流通行即可。

图5-46 大门细部设计

大门细部设计包括标志、门灯、雕塑、花台等，这些细部的设计是首要功能，是与整个景观环境相协调的艺术形象设计。

2.设计要点

（1）方位选择。景观入口是人们进入景观规划区域的通道，其位置的选择在景观环境中要便于游人进入，一般情况下，城市公园的主入口多位于城市主干道一侧，在不同的位置还要设置若干次入口，具体位置要根据公园的规模、环境以及道路的方向等因素来设计。

（2）空间处理。空间设计要依据景观入口的广场外部和内部空间的功能来设计（图5-45）。入口外以及广场外部空间均属于游人集散空间，需要具备交通集散、人流疏导、车辆停放、人流车流组织等功能，入口处的内部序幕空间则需包括景区介绍、方便游人休息等候、了解景区概况以及使用卫生间等功能。

此外，入口处除提供大量游人出入外，在必要的情况下，还需提供车流进出。因此，以车流所需宽度为主要依据，一般入口处的设计还需要考虑出入两股车流的并行宽度。

（3）入口建筑设计。入口设计需要注意其周围建筑的构造，还需要依据景观环境整体规划来设计（图5-46）。

1）景区入口设计常追求自然、活泼。门洞的形式多用曲线，象形形体和一些折现的组合。在空间体量、形体组合、细节构造、材料与色彩运用等方面应与景观环境相协调。

2）入口设计与周围环境的对比、协调。大门具有很强的视觉焦点和轴线标识作用，作为景观区域的入口，它是内部领域空间序列的开始，作为出口既是内部空间序列的终端，又是街区环境空间的起点。

3）入口处的内容设计更需丰富化。花台、种植池不仅有多变的组合，更具有形式丰富的建筑形象，并且通过植物季相的变化也可为入口处的设计增添色彩。

4）入口处的设计应该注意大门与路面的对比与协调关系，以及防止眩光对出入车辆的影响等。

二、亭、廊、花架

亭是供人们休息、赏景的地方，一般四面通透，多数为斜屋面。亭体量小巧，结构简单，造型别致，选址灵活。廊的主要作用在于联系建筑和组织行人的路线，此外，还可以使空间层次更加丰富多变。景观中的花架，既可为攀援植物提供生长空间，也可作为景观通道，作遮荫休息之用，并可点缀园景。

1.亭

亭既是景观的组成部分，又可供人畅览景色，是景观中休息览胜的好地方，同时也是具有装点作用的小型建筑，可满足景观游赏的要求，能形成独特的景观，常起着画龙点睛的作用（图5-47、图5-48）。在进行亭的设计时要注意以下几点。

（1）亭的造型。亭的造型取决于其平面形状，平面组合及屋顶形式等，各种造型亭的设计形式、尺寸、题材等应与所在公园、景观相配套，要根据民族习俗及周围环境来确定其形式及色彩。

（2）亭结构设计的安全性。亭的体量大小要因地制宜，应根据结构决定其体量大小，应充分考虑风、雪荷载等环境因素的影响，其外部结构采用中粗立柱，可很好地增添安全、沉稳的感觉。

（3）亭的使用要求。随着科学技术的发展，亭的设计要与时俱进，应充分考虑现代社会对信息的接受和无线网络的需求。

图5-47 黄石园博园-随州圆-提供休憩的亭

图5-48 黄石园博园-恩施圆-与周边环境协调的亭

图 5-47

———

图 5-48

亭是防日晒、避雨淋以及消暑纳凉之所，亭的设计要具有良好的遮风避雨的功能，同时还需具备良好的观赏条件。

亭建成后便成为了景观的重要组成部分，因此在进行亭的设计时，一定要与周边环境相协调，并且能起到画龙点睛的作用。

2.廊

景观建筑中的廊供人在内行走，可起到导游的作用，也可供停留休息、遮阳、避雨用，同时划分空间，是组成景区的重要手段，并且廊本身也是景观的一部分（图5-49）。

根据廊的位置和造景需要，其平面可设计成直廊、曲廊、回廊、抄手廊等。廊从立面上，突出表现了"虚实"的对比变化，从总体上说是以虚为主，这主要还是功能的要求，廊作为休息赏景的建筑，需要开阔的视野。廊又是景色的一部分，需要和自然空间相互延伸，融化于自然环境之中。

廊从空间上分析，可以是"间"的重复，要充分注意这种特点，在设计时要有规律的重复，有组织的变化，形成韵律，产生美感。廊两柱之间一般宽约3m左右，横向净宽约1.5～3m，柱距约3m，一般柱径150mm左右，柱高2.5～2.8m，方柱截面控制在150mm×150mm，长方形截面长边不大于300mm。

3.花架

花架指攀援植物的棚架，可供行人休息赏景之用，还具有组织、划分景观空间，增加景观深度的作用，又可为攀援植物的生长创造生物学条件。花架将植物生长和供人休憩结合在一起，是景观中最接近自然的建筑物。花架结构设计要安全，花架设计不宜太高，不宜过粗、过短，要做到轻巧、简单，半边廊式的花架可在一侧墙面开设景窗（图5-50）。

图5-49 廊的设计-黄石园博园-荆州园-廊

图5-50 黄花架的设计-黄石园博园-仙桃园-木质花架

图5-49
图5-50

廊可以采用木结构、钢结构、钢木组合结构、钢筋混凝土结构、可再生材料、塑料防水材料以及金属材料等制作，并可结合具体环境丰富廊设计的地方特色。在廊的细部处理上，也常用虚实对比的手法，如罩、漏、窗、博古架、栏杆、挂落等，多为空间构件，似隔非隔，隔而不挡，以丰富整体立面形象。

对于盘节悬垂类藤本植物，花架设计应确保植物生长所需空间，并确保四周不闭塞，除少数做对景墙外，一般均开敞通透；因花架下会形成阴影，在设计时不应种植草坪，可用硬质材料铺砌地面。此外，花架的设计也可同其他小品相结合，如在廊下布置坐凳供人休息或观赏植物景色等。

设计时需明确不同质感的材料所应用的空间环境也有所不同，如天然石料朴实、自然，适用于室外庭院及湖池岸边；精雕细琢的石材则适用于室内或城市广场、公园等地方。此外，使用石料制作围墙时，为避免石墙出现存水现象，应用密封替代砂浆缝，尤其靠近瀑布等水景处，容易沾水的墙体。

挡土墙作为制约和空间的边界，可为其他景观小品充当背景，充当建筑物与周围环境的连接体，在设计时应注意宜低不宜高，宜零不宜整，宜缓不宜陡，宜曲不宜直。

图5-51 围墙、景墙的设计-黄石园博园-黄冈园-景墙

图5-52 挡土墙的设计

图 5-51 | 图 5-52

三、墙体、围栏

1.围墙、景墙

围墙、景墙的设计要点主要包括以下几点（图5-51）。

（1）线条。线条就是材质的纹理及走向、墙缝以及墙体的式样。常用的线条有水平划分，以表达轻巧舒展之感；垂直划分，以表达雄伟挺拔之感；矩形和棱锥形划分，以表达庄重稳重之感；斜线划分，以表达方向和动感；曲折线、斜面的处理，以表达轻快、活泼之感。

（2）质感。根据材料质地和纹理所给人的触觉不同，分为天然质感和人工质感两类。天然质感多用未经琢磨的或者粗加工的石料来表达；而人工质感则强调如花岗石、大理石、砂岩、页岩等石料加工后所表达出的质地光滑细密、纹理有致的特点。

（3）虚实。通而不透、隔而不漏，既有隔断作用，又有漏景作用，设计有墙体镂空，可形成剪影效果。

（4）混凝土接缝设置标准。设计时需注意伸缩缝间隔在20mm以内，防裂切缝在5mm以内，砖墙的砂浆勾缝应设计为深灰缝。

2.挡土墙

挡土墙的主要功能是在较高的地面与较低地面之间充当泥土阻挡物。挡土墙设计时需注意在墙体上预留一定间隔距离来设计排水孔，以便使内部的渗透能流出墙体，不会造成对墙体的损害（图5-52）。

3.围栏

围栏除起到阻隔空间的作用外，还具备一定的观赏能力，在设计时要注意以下几点（图5-53）。

（1）围栏的尺度。围栏要有适宜的尺度，适宜的尺度可使游人倍感亲切。围栏具有明确边界的作用，高度可在0.2～0.3m之间，街头绿地、广场的围栏高度在0.85～0.9m之间，围栏格栅间距0.15m，已有较好的防护作用，有危险需保证安全的地方，围栏高度为人的重心线1.1～1.2m，围栏格栅间距0.13m，以防小孩的头部伸过。

（2）围栏造型设计与景观环境总体风格保持一致。围栏以其优美的形态来衬托环境，加强气氛，如北京的颐和园为皇家园林，采用石望柱栏杆，其持重的体量，粗壮的构件，构成稳重，端庄的气氛。

（3）围栏适度设置。围栏在统一的景观中不宜普遍设置，尤其在小块绿地中，要在高度上多加注意，应当把防护、分隔作用巧妙地与美化作用结合起来，在不能设置的地方尽量不设，如浇水池、平桥、山坡等处一般不建议设置。

（4）要求坚固。围栏最基本的使用功能为安全防护，若围栏本身不坚固，就失去了实用的意义，且会增加隐患。围栏的立柱要保证有足够的深埋基础和坚实的地基，立柱间距离不可过大，一般在2～3m之间，具体尺寸应根据材料的情况而定。

★ 补充要点

亭、廊及花架的分类

亭可分为新中式亭、仿生亭、生态亭、解构组合亭、新材料结构型亭以及现代创意型亭；廊根据横剖面形式可分为双面空廊、单面空廊、单支柱廊、双层廊、暖廊以及复廊，依据整体造型可分为直廊、曲廊、抄手廊以及回廊，依据立面造型可分为爬山廊、桥廊、叠落廊以及水廊；花架则可分为梁架式花架、半边廊式花架、单排柱花架、单柱式花架、圆形（异形）花架以及拱门钢架式。

围栏在设计时需注意，铁制围栏应用防锈漆打底，用调和漆罩面色彩要与环境协调。此外，自然风景区的围栏，设计建议采用自然本色材料，尽量少留人的痕迹，造型上则力求简洁、朴素，以使其与自然环境融为一体。

图5-53 围栏的设计

第六节 案例解析：雕塑与景观小品设计

通过对不同案例的解析可以帮助设计者更好地进行景观规划设计，下面主要介绍景观雕塑与景观小品的优秀案例。

一、红树西岸小区群雕

1.背景介绍

红树西岸小区位于深圳市南山填海区西南，该居住区南面可推窗见海，入眼即是红树林湿地和香港天水围，北面毗邻"世界之窗""中华民俗村"，西面紧靠沙河高尔夫球场，东面则是红树湾规划中的大型中央主题公园，几乎户户见海，可独瞰绝佳的自然海景景观。

2.实景解析

红树西岸小区内的群雕极富特色，简单质朴的颜色，在绿植的掩映下蕴含生机，非常注重雕塑与环境的融合，达到了一种极为和谐的境地（图5-54～图5-63）。

图5-54 抚琴少女

图5-55 抚琴少女侧面

图 5-54 | 图 5-55

雕塑采用金属材料制作而成，既具有视觉感，同时防水、防锈，适用于户外。

少女绿色的衣着与周边的环境相互呼应，又相互衬托，配上清晨的阳光，给人十分清新的感觉。

石板上的少女惬意地弹着琴，深邃的肌肤，绿色的服装，整体人物形象偏纤细，更符合轻灵的气质。

图 5-56	图 5-57
图 5-58	图 5-59

垂下的树枝一角，站立着一名少女，少女扬起的手背上停着一只小鸟，少女愉悦的表情以及体态放松的小鸟，使整座雕像呈现出人与自然美好相处的情景。

裸露在外的手臂表现了深圳艳阳高照，四季如一的自然特性，同时少女清凉的穿着和金属雕塑所带来的冰凉感也完美地结合在一起，令人十分舒适。

挥舞的手臂，扬起的辫子，彰显了青春的活力，也深刻地表现出少女们追逐自由的个性。

愉悦的表情活灵活现，仿佛下一秒少女们就会开始翩翩起舞、引吭高歌。

虽然草地上并不能进行滑板，但是该雕塑作品以滑板少女的形象向人们彰
显了一种自由奔放的精神，在这座园林里，可以尽情地做自己喜欢的事。

	图 5-60	
图 5-61	图 5-62	图 5-63

以人们在园林中的日常活动为设计基础，将瑜伽少女、晨练少女等日常生活中
常见的形象融入雕塑作品中，既简单却也不失设计感的创意，还能让居住区的
景观环境生机盎然。

墙角的男子雕像以思想者形态坐在石凳上，戴
着耳机静静享受着属于自己的时光，营造了一
种静谧悠闲的气氛。雕像之间的动静结合，也
极大地增添了居住区景观环境的魅力。

二、景观小品设计全览

在设计时要从景观小品各要素细部分析入手，获得设计灵感，并形成设计意向，以进一步表达整体设计理念及主题。设计师在进行方案设计时，从立意的设想、构思的出现到最终方案的成熟，须不断地在草图纸上修改、深入，培养良好的工作方式和工作习惯，由整体到局部，由粗到细、逐步深入，循序渐进地完成整个方案设计的造型工作。

1.草图畅想

方案草图的表现手段十分灵活、自由，画草图实质上就是在具体地进行景观小品的方案设计。图纸上的每一根线条，都意味着一种念头、一种思路、一种工作方式和过程，是开拓思路的过程，也是一个图形化的思考和表达方式（图5-64）。

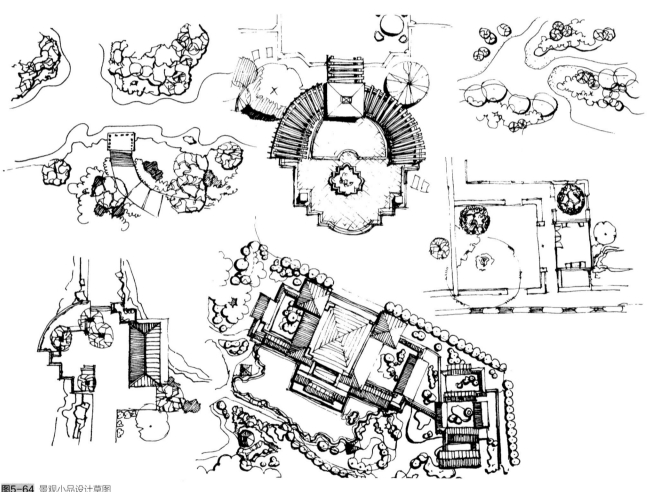

图5-64 景观小品设计草图

在设计之初，利用草图可以将所有想法用图形的形式表现出来，绘制草图时不求表现得精致和完善，只需要将设计灵感念头记录下来，这是一个非常重要的步骤，许多精妙的创意产生于此，不仅有利于设计师自己与自己的交流，更有利于方案的逐步完善。

★补充要点

绘制草图对景观设计的重要性

绘制草图是视觉和设计相关行业的敲门砖，比如服装、室内、景观、城规、家具设计、轻工业、日用产品、汽车等工业设计乃至广告，是灵感的最初雏形，全都要画草图。

其次，绘制草图作为景观规划设计的工具和技巧，在设计过程中扮演着重要的角色。在高预算的大项目中，先画草图的方式有多种益处。在大量的时间和精力投入某个方案之前，先画出草图呈现给客户，得到方向上的认可。草图在一开始画的时候可以是随意的，构想出基本概念。然后考虑元素和布局。在方向被确定之后，画出更详尽的草图，对初步概念进行不断完善。

2.方案推敲

在经过草图畅想阶段后，会得到许多设计创意。在方案推敲阶段应该通过比较、综合、提炼这些草图，更加理性地重新审视，以造型、功能、艺术性、可行性、经济性、独创性等为依据，找出一件或两件进行深入设计。

3.延伸构思

随着思路的清晰或当形成方案的灵感迸发时，笔端便十分肯定地记录和表现了构思方案，针对已被选出的方案，分析其是否存在问题并进行完善，从功能性出发，寻找可以拓展的方面。

4.方案深化

在深化的同时，确立设计对象的尺度关系、材料与材料之间质感对比关系、色彩对比关系等，解决城市景观小品安全性、美观性、舒适性、地域性和文化性等问题，将设计对象表达成效果图。

5.扩初设计

扩初设计主要解决景观小品设计方案中相关材料、施工方法、结构等问题。将方案深化成系统的图纸，明确各细部的尺寸、连接关系，确定其材料、生产及安装方法，进一步完善设计方案。科学体现设计理念，结合实际情况，合理表达场所现象、精神。

6.施工图设计

施工图表达虽然属于设计表达但也有其特殊性，主要通过平面图、立面图、剖面图、大样、节点详图等将对象具体化、形象化，解决各细部的实施以及相互配合问题，明确材料及施工工艺，使设计得以顺利实现（图5-65、图5-66）。

以施工图为语言，可以向施工方传达设计师的意图、施工工艺、工程材料、技术指标等内容。施工图设计需要规范制图，主要包括图幅、图纸比例、图框、图例、文字、标注样式、图线选择等内容，以保证施工人员能够读懂图纸，按图施工。

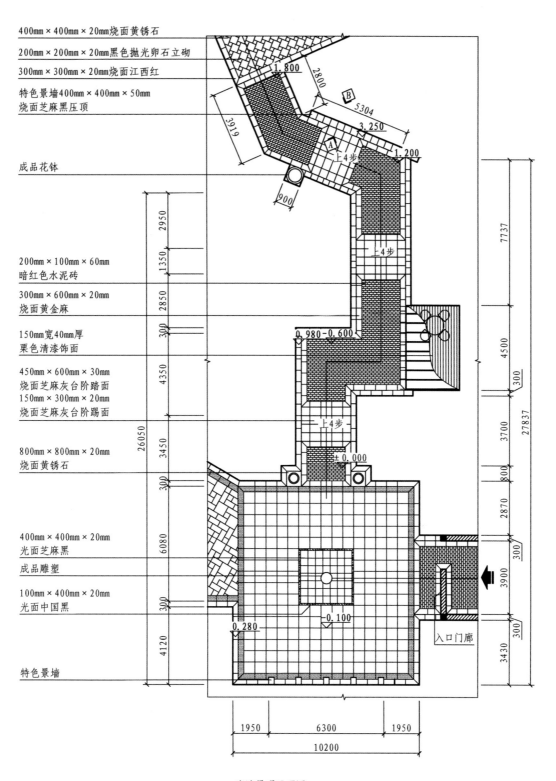

400mm×400mm×20mm烧面黄锈石

200mm×200mm×20mm黑色抛光卵石立砌

300mm×300mm×20mm烧面江西红

特色景墙400mm×400mm×50mm
烧面芝麻黑压顶

成品花钵

200mm×100mm×60mm
暗红色水泥砖

300mm×600mm×20mm
烧面黄金麻

150mm宽40mm厚
栗色清漆饰面

450mm×600mm×30mm
烧面芝麻灰台阶踏面
150mm×300mm×20mm
烧面芝麻灰台阶踢面

800mm×800mm×20mm
烧面黄锈石

400mm×400mm×20mm
光面芝麻黑

成品雕塑

100mm×400mm×20mm
光面中国黑

特色景墙

入口门廊

庭院景观平面图

图5-65 景观道路设计平面图

绘制时需注意施工图中图样及说明中的汉字，宜采用长仿宋体，宽度与高度的关系应符合国家相
关规范要求，包括尺寸标注和符号标注。

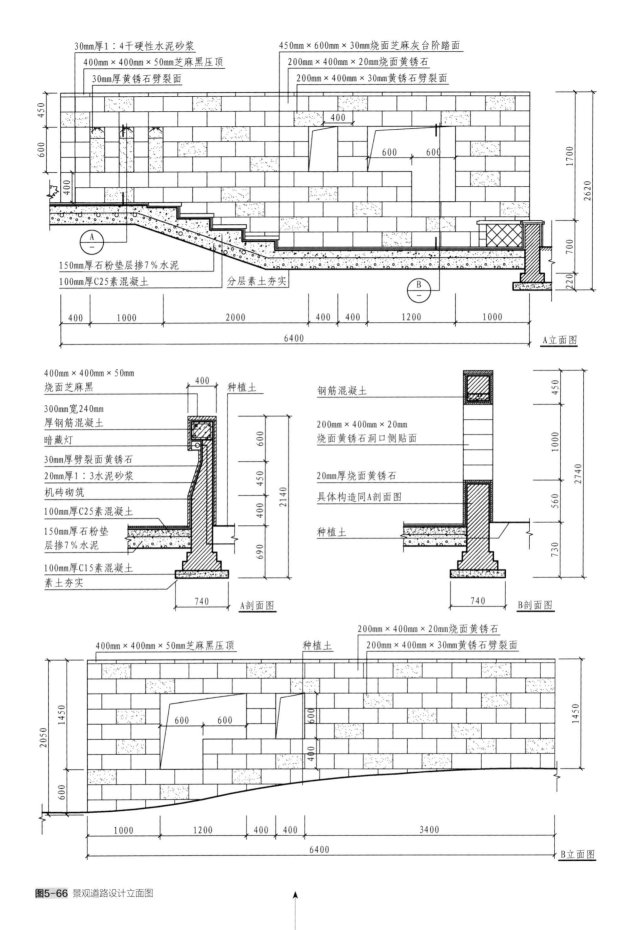

30mm厚1∶4干硬性水泥砂浆
400mm×400mm×50mm芝麻黑压顶
30mm厚黄锈石劈裂面

450mm×600mm×30mm烧面芝麻灰台阶路面
200mm×400mm×20mm烧面黄锈石
200mm×400mm×30mm黄锈石劈裂面

400
600
600

450
600
400

1700
2620
700
220

A
—

B
—

150mm厚石粉垫层掺7%水泥
100mm厚C25素混凝土
分层素土夯实

400   1000   2000   400   400   1200   1000
6400

A立面图

400mm×400mm×50mm
烧面芝麻黑

300mm宽240mm
厚钢筋混凝土

暗藏灯

30mm厚劈裂面黄锈石

20mm厚1∶3水泥砂浆

机砖砌筑

100mm厚C25素混凝土

150mm厚石粉垫
层掺7%水泥

100mm厚C15素混凝土
素土夯实

400   种植土

600
450
400
690

2140

740   A剖面图

钢筋混凝土

200mm×400mm×20mm
烧面黄锈石洞口侧贴面

20mm厚烧面黄锈石
具体构造同A剖面图

种植土

450
1000
560
730

2740

740   B剖面图

400mm×400mm×50mm芝麻黑压顶   种植土
200mm×400mm×20mm烧面黄锈石
200mm×400mm×30mm黄锈石劈裂面

600   600   600
400

1450
600
2050

1450

1000   1200   400   400   3400
6400

B立面图

图5-66 景观道路设计立面图

图框是图纸上所供绘图范围的边线，在绘制立面图时不能超过这个界限。此外，比例规定要用阿拉伯数字表示，详图部分选用1∶500以下的比例，大样图多选用1∶10、1∶20、1∶50的比例。

7.设计实施

在景观小品的方案确定以后，就要用实物的形式来直观地展示设计效果，在实施的过程中，会遇到许多问题，包括现场景观空间环境与景观小品调整、材料工艺、成本概算、安装配套等，需要不断地与各方面的工作部门进行沟通（图5-67）。

8.设计评价与管理

设计施工结束以后，设计工作并不是全部结束了，还需要收集景观小品的使用状况、市民评价、经济效益等方面的反馈信息，总结设计工作中的经验和教训（图5-68）。

本章小结：

了解景观规划设计中的地面铺装、景观雕塑、景观小品、滨水景观以及建筑构造等的设计要点，对于设计师来说益处多多。一来可以丰富设计者的设计思想和设计内容，二来了解这些景观规划细节设计能够帮助景观设计师更科学、更全面、更有逻辑地进行后续的设计和修整。通过对这些细节设计的全面把控，景观规划设计的最终施工效果也会更具有视觉魅力，设计进程也能更流畅。

图5-67 景观小品设计效果

景观小品拥有美化景区环境的作用，同时这也意味着景观小品的各项设计必须以与景观整体环境相协调为基本设计原则，并在以人为本的基础上，对其设计造型进行创新。

图5-68 景观小品

设计施工之后还需建立适宜的景观小品经营和维护管理机制，负责其维护和保养工作，以及后期的市场反馈和制定相关日常维护的注意事项等，这些都有利于设计品质的提高及日常管理。

图 5-67
图 5-68

第六章
景观规划设计类型

学习难度：★★★☆☆

重点概念：地城市规划、风景区规划、私家庭院规划

章节导读：景观规划设计根据规划区域的不同可以分为城市公园规划、城市街道规划、城市广场规划、风景旅游区规划以及私家庭院规划。这几项规划有异曲同工之处，但又依据区域地理环境、气候环境以及人文环境等的不同，在设计上会有所改变。要清楚地了解景观规划设计，对于这几项景观规划的设计要素、设计要求以及设计手法等都需做一个细致的了解，并能在此基础上发散思维，扩展设计思维，创新设计内容，强化设计理论，完善设计步骤，创造更符合社会发展的景观环境。

第一节　城市公园规划设计

　　城市公园，是供城市居民使用的园林（图6-1）。随着社会经济的快速发展，城市居民的生活水平不断提高，对于精神水平的要求也越来越高，因此衍生了城市公园。

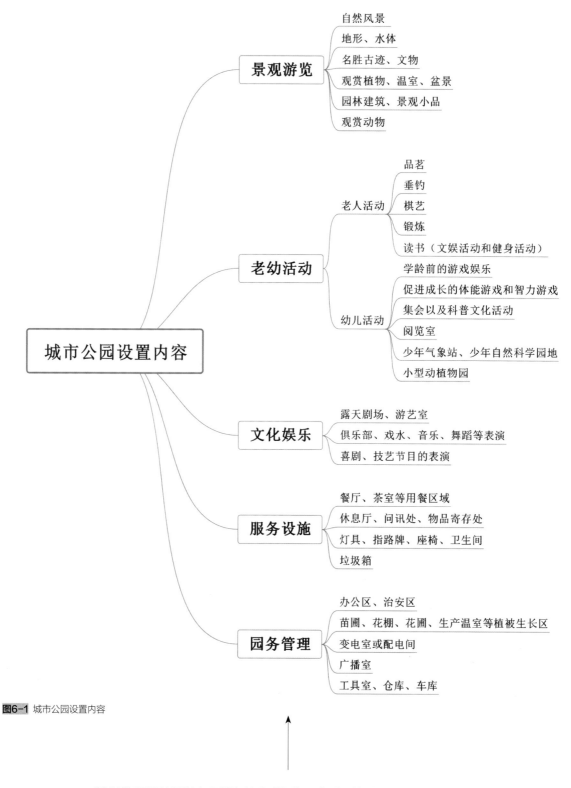

图6-1 城市公园设置内容

城市公园的项目设置应该从针对不同的服务对象以及服务对象不同的要求，综合整个公园的规划布局来考虑，其设计项目主要包括景观游览、老幼活动、文化娱乐、服务设施以及园务管理等。

一、设计要求

1. 维持城市生态平衡

城市的生态平衡主要靠绿化来完成，二氧化碳的吸收、氧气的生成均是植物光合作用的结果。城市公园在规划设计时需要具备大面积的植被覆盖率，需要拥有比较好的植物多样性，同时还需要具备防止水土流失、净化空气、降低辐射、杀菌滞尘、防尘、防噪声、调节气候、降温、防风、引风，以及缓解城市热岛效应等优异的生态功能（图6-2）。

2. 美化城市景观

城市公园是城市中具有自然性的典型场所，它具有丰富的水体和大面积的绿化，既是城市中的绿色软质景观，同时也与城市中的道路、建筑等灰色硬质景观形成鲜明的对比，这种软硬对比使得城市景观在原有的基础上得以丰富化。由此可见，城市公园在美化城市景观中具有举足轻重的地位（图6-3）。

★补充要点

城市公园的特点

城市公园具有公共性、游憩性、绿色性、可达性、开放性、长期性、防灾减灾性以及多价值性，其中公共性要求城市公园在规划设计时要强调公共使用性，游憩性要求城市公园能够提供休闲娱乐的场所和设施，绿色性则要求城市公园需具备一定的植被覆盖率，防灾减灾性则要求城市公园在发生严重灾害时可提供安全的避难救灾和灾后恢复空间。

图6-2 生态化公园

公园作为城市的"绿肺"，在改善环境污染状况、有效地维持城市的小生态平衡等方面，具有十分重要的作用。生态化的公园也能够很好地保持城市建设，以及生态建设之间的和谐关系。

图6-3 具备观赏作用的公园

城市公园是供游客观赏、游玩的区域，对于美观性的要求自然比较高，城市公园内的雕塑、景观小品、绿化以及水景等都能为美化城市景观提供一份助力。

图 6-2 | 图 6-3

图 6-4 | 图 6-5

图6-4 提供休闲游憩功能的城市公园

城市公园内拥有比较多的休憩区域，休憩区的色彩、材质以及造型等都具备良好的美观性，在为游客提供休息的场所之余，也能很好地放松游客的身心。

图6-5 提供防灾功能的城市公园

城市公园可作为救灾物资集散地、救灾人员的驻地及临时医院所在地、灾民的临时住所和倒塌建筑物的临时堆放场，还可作为地震发生时的避难地、火灾时的隔离带等。

3. 提供休闲游憩的功能

城市公园作为城市居民的主要休闲游憩场所，在设计时必须具备一定的活动空间和活动设施，并能为城市居民提供大量户外活动的可能性，城市公园的设计必须满足城市居民休闲游憩活动需求，同时还要兼具城市居民的审美需求，这也是城市公园在规划时必须具备的功能（图6-4）。

4. 提供精神文明建设和科研教育的基地

随着社会文化和经济发展的进步，为了与时代统一化，城市公园在规划设计时不仅要具备物质文明建设的功能，同时必须是传播精神文明、科学文化知识和进行科研与宣传教育建设的重要场所。公园内可以进行各种社会文娱活动，例如健身、交谈等，这不仅可以丰富城市居民的社会活动，陶冶城市居民的情操，提高城市居民的文化素质，同时也能使得城市公园在社会主义精神文明建设中的作用越来越突出。

5. 提供防灾、减灾功能

由于城市公园建成后具有大面积的公共开放空间，作为城市居民日常的聚集活动场所，在规划设计时必须考虑到公园的防灾、减灾功能。城市公园必须具备良好的防火、防灾、避难等功能，其设计要求在发生重大灾害时，城市公园能够为城市居民提供一个比较安全的避难所，同时也能最大限度地减少灾害损失（图6-5）。

★补充要点

影响城市公园规划设计的因素

使用者的习惯爱好，公园在城市中所处的位置，公园周边的环境，公园的面积以及公园的自然条件等都会对城市公园的规划设计造成影响，其中在考察公园的自然条件时要仔细分析公园基址的自然风景资源、植被资源、水系资源以及起伏的地形等，并因地制宜地进行城市公园的规划设计。

图6-6 实用性城市公园

不同类型的公园有不同的功能和不同的内容，所以规划布局也随之不同，规划布局要结合功能分区，利用基地的条件和周围环境，将建筑、道路、水体以及植物等综合起来组成空间。

图6-7 高度参与感的城市公园

规划设计之初应当进行城市居民需求调查，要向城市居民展示征求意见，设计要注意将城市居民的积极性调动起来，使城市公园项目融入城市居民们的生活中。

图 6-6
图 6-7

二、设计原则

1.功能原则

城市公园的规划设计首先要满足功能要求，城市公园除具备净化空气、调节温度、美化景观等优异功能外，还需具备缓解城市居民身体疲劳，放松城市居民精神，增添城市居民活力，陶冶城市居民情操，以及调节城市居民视觉疲劳等的功能（图6-6）。

2.城市居民参与原则

城市公园是居民休闲娱乐的场所，同时也是进行歌唱、器乐、舞蹈等艺术行为的空间，城市公园在规划设计时需强调城市居民参与的积极性，不可片面地追求景观美学，必须以居民的需求为基础设计点，在了解大众的真实需求的情况下进行城市公园的建设，使其具备良好的亲和力，达到与民同乐、与民共享的目的（图6-7）。

3.多层次文化原则

城市公园的规划设计还需满足社会层面的要求，在设计中要融入文化因素，强调文化需具备层次多样性和需求多样性，还需考虑多年龄层次人群的需求，将当地文化完美地结合到城市公园的建设中来。

4.异质性原则

景观的异质性衍生了景观的复杂性与多样性，从而在进行城市公园的规划设计时，需以人工生态为主体，并强调设计的多元化以及多样性，同时还需保证景观的整体生产力和植物物种的多样性，并能根据环境条件设计不同的绿化区域，由此丰富城市公园的设计内容。

5.多样性原则

城市公园在规划设计时还需满足多样性原则，这不仅包括城市生物的多样性，还包括景观设计内容的多样性，这也是维持城市生态平衡的基础。

三、设计要点（表6-1）

表 6-1 城市公园规划设计要点

设计要点	图例	设计细节
选址		城市公园的选址应结合城市河湖系统、道路系统、生活居住用地、商业用地等各项规划综合考虑，其规划设计应充分利用城市的有利地形、河湖水系，选择具有水面，拥有丰富植被和古树名木的地段建设公园；还可选择有名胜古迹、人文历史、园林建筑等的地区规划建设公园，既可丰富公园内容，又可保护民族文化遗产；城市公园的选址还需考虑长期发展的可能性，在规划设计时需要留出适当面积的备用地，备用地可暂时作为苗圃及花圃区
园路		城市公园的园路建设要考虑主干道和次干道的不同设计，主干道的绿化可选用高大的乔木和耐阳的花卉植物，设计的株数要与交通相结合，造型的设计还需根据公园的地形、建筑、风景等的需要而有所起伏；小路可深入公园的各个角落，绿化可丰富化，平地处的园路可用乔灌木树丛、绿篱、绿带来分隔空间；山地处的园路需根据其地形的起伏设计，而在有风景可观的山路外侧，则适合种植矮小的花灌木及小草等，以此与山路风景相映衬
广场绿化		广场作为城市公园中的大型集散场所，人流量较多，其绿化既不能影响交通，同时还需具备一定的造型，具有观赏性。例如以休憩为主的休息广场，在设计绿化时应主次分明，可在休息广场四周种植乔木、灌木，于广场中心处布置草坪、花坛，形成宁静、和煦的气氛
园林建筑小品		园林建筑小品是城市公园中的点睛之笔，设计要求既能美化环境，丰富城市公园的内容，又能使游客从中获取美感和良好的教益；园林建筑小品在设计时可结合中西方特色，可选择历史典故作为设计主题，小品附近还可设置花坛、花镜等来丰富小品形式
公园设施		城市公园中的设施在设计时应当考虑城市居民的参与性，并确保景观的可触碰性；设计还需考虑到公园的开放性，公园的边界需与城市的其他部分具有良好的过渡，以此提高城市居民的参与热情，达到人与景真正相融合的目的
植物设计		在城市公园的规划设计过程中应当充分考虑植物物种的生态特征，并合理地配置选择植物群落，在设计中要充分利用空间资源，建立多层次、多结构、多功能、科学的植物群落，以此确保城市公园建设与生态发展之间的平衡关系

四、设计程序与内容（图6-8、图6-9）

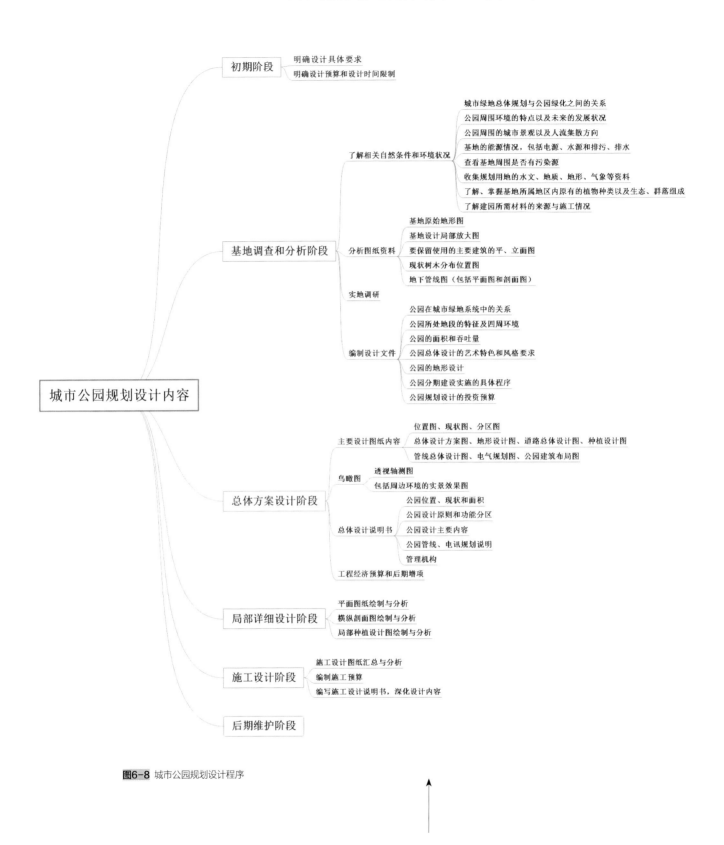

初期阶段
- 明确设计具体要求
- 明确设计预算和设计时间限制

基地调查和分析阶段
- 了解相关自然条件和环境状况
  - 城市绿地总体规划与公园绿化之间的关系
  - 公园周围环境的特点以及未来的发展状况
  - 公园周围的城市景观以及人流集散方向
  - 基地的能源情况，包括电源、水源和排污、排水
  - 查看基地周围是否有污染源
  - 收集规划用地的水文、地质、地形、气象等资料
  - 了解、掌握基地所属地区内原有的植物种类以及生态、群落组成
  - 了解建园所需材料的来源与施工情况
- 分析图纸资料
  - 基地原始地形图
  - 基地设计局部放大图
  - 要保留使用的主要建筑的平、立面图
  - 现状树木分布位置图
  - 地下管线图（包括平面图和剖面图）
- 实地调研
- 编制设计文件
  - 公园在城市绿地系统中的关系
  - 公园所处地段的特征及四周环境
  - 公园的面积和吞吐量
  - 公园总体设计的艺术特色和风格要求
  - 公园的地形设计
  - 公园分期建设实施的具体程序
  - 公园规划设计的投资预算

总体方案设计阶段
- 主要设计图纸内容
  - 位置图、现状图、分区图
  - 总体设计方案图、地形设计图、道路总体设计图、种植设计图
  - 管线总体设计图、电气规划图、公园建筑布局图
- 鸟瞰图
  - 透视轴测图
  - 包括周边环境的实景效果图
- 总体设计说明书
  - 公园位置、现状和面积
  - 公园设计原则和功能分区
  - 公园设计主要内容
  - 公园管线、电讯规划说明
  - 管理机构
- 工程经济预算和后期增项

局部详细设计阶段
- 平面图纸绘制与分析
- 横纵剖面图绘制与分析
- 局部种植设计图绘制与分析

施工设计阶段
- 施工设计图纸汇总与分析
- 编制施工预算
- 编写施工设计说明书，深化设计内容

后期维护阶段

图6-8 城市公园规划设计程序

城市公园在规划设计时必须明确选址对城市公园建设的重要性，而为了长久地发展城市公园，还必须建立一系列管理系统，包括日常维护系统、公园设施管理系统等。

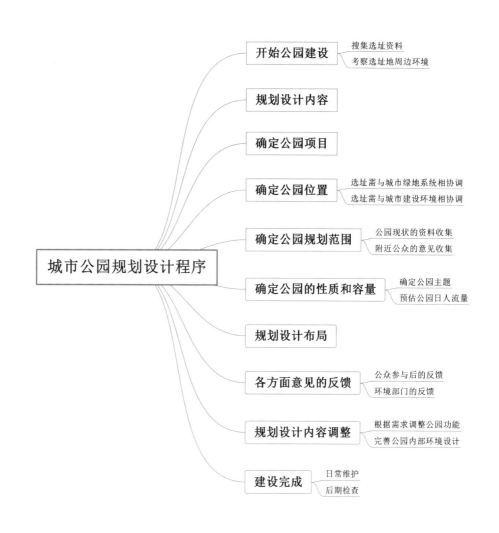

图6-9 城市公园规划设计内

城市公园的规划设计必定需要很多的参考资料，可以借鉴周边公园的设计方法，注意分析采集到的资料，并对其进行分类整理，以便设计需要。

第二节　城市街道规划设计

城市街道规划设计主要包括城市街道的线形规划、建筑类型及组合、公共设施、街道绿化以及街道小品的布设等（图6-10）。

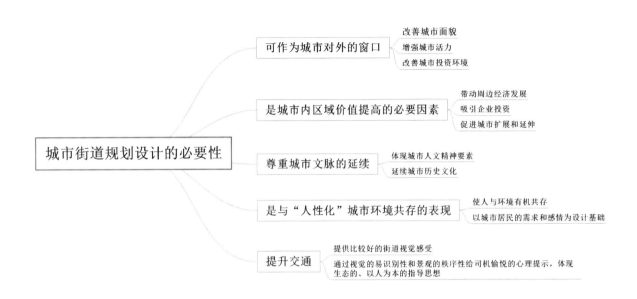

图6-10 城市街道规划设计的必要性

城市街道是连接和划分各级城市空间的基本要素，可供城市内部交通运输及行人使用，能够便于居民生活、工作及进行文化娱乐活动，并能与城市外部街道连接，负担起城市的对外交通作用。

★补充要点

城市街道系统规划原则

1.合理用地、因地制宜，符合城市布局规划的需求；

2.合理安排公路与各城市的连接；

3.正确处理新建道路和原有路网的关系；

4.按交通需求规划路网；

5.要满足城市环境保护的需求；

6.考虑城市景观的需求；

7.符合路面排水和过程管线敷设的需求；

8.考虑城市环路、快速路、主干路、次干路、支路的具体布置要求。

一、设计原则

1.尊重历史的原则

尊重历史的原则是整个景观规划设计必须遵守的基本原则。城市街道设计是景观规划设计中的一大项，自然也需要遵从该原则，城市街道的规划设计必须要借鉴历史、尊重历史，并继承和保护历史遗迹，同时还要能顺应时代发展，在探寻和延续传统文化的基础上设计出满足时代要求的城市街道，并赋予其新的内容、形式与风格。

2.可持续发展原则

可持续发展原则意味着城市街道的规划设计要在保证景观生态平衡发展的前提下进行，主张自然资源与生态环境、经济、社会的发展相统一。城市街道的规划设计不可只为局部的设计，要统筹全局；不可只顾眼前的利益，而忽视因此带来的环境污染问题（图6-11）。

3.保持整体性原则

保持整体性原则具体表现在城市街道的规划设计要从城市整体出发，设计的内容要能体现城市的个性魅力，且能丰富城市的形象。此外，城市街道规划设计还需从街道本身出发，将一条街道作为一个整体考虑，不仅要考虑街道两侧建筑物、绿化、街道设施、色彩以及历史文化的统一性，还需完善这些元素，避免其杂乱堆砌和拼凑。

4.连续性原则

城市街道规划设计的连续性原则主要体现在两点上：一是视觉空间上的连续性，即设计要通过街道两侧的绿化、建筑布局、建筑风格、色彩以及街道环境设施等的延续设计来实现；二是时空上的连续性，即设计要反映某一特定时期城市地域的自然演进、文化演进和人类群体的进化。

图6-11 可持续发展街道

在规划城市街道时可结合自然环境，使规划设计对环境的破坏性影响降低到最小，这样也能对环境和生态起到强化作用，同时还能够充分利用自然可再生能源，节约不可再生资源的消耗。

图6-12 连续性设计的街道

城市街道规划设计时要将街道空间中各景观要素置于一个特定的时空连续体中，并加以组合和表达，以达到更好的设计效果。

图 6-11 | 图 6-12

二、设计元素与要点（表6-2）

表 6-2   城市街道规划设计的元素及要点

设计元素		图例	设计要点
线形	平面		设计要求在路幅较宽的快速路和主干路中，需给予使用者舒适良好的视觉感受，可充分利用道路两侧优美的自然景观和地质特色以及城市建筑物来作为街道的动态背景
	纵断面		设计应与街道所属区域的地形以及周围环境相适应，但要注意不可过分迁就地形，在设计过程中要避免大填大挖；设计可利用地形与坡度的变化来展现街道的设计魅力
	平、纵组合		街道的平面和纵断面设计只是二维线形的设计，而要使街道具备良好而优美的三维立体空间，设计时就必须要对平、纵进行组合设计，使街道本身具备良好的视觉连续性
节点	广告景观		设计要求除保证基本的广告宣传的作用外，广告景观在设计时还需能够促进街道景观建设，其设计的内容、形式、色彩等能与周边建筑关系协调，并能够和街道周边的绿化和照明相结合
	视觉焦点		视觉焦点构成了城市街道的特征性标志，同时也能很好地对区域进行分区；在设计时要结合当地地形条件，设置街头绿地或者微型下沉式广场以供行人停留与休憩，从而增强街道的商业价值和综合使用功能
铺装	步行商业街		步行商业街的铺装要能突出其热烈的商业气氛，为商家以及购物者提供一个进行买卖活动的良好环境；步行商业街的图案铺装设计可采取反复连续的点、线、面组合的形式，但要与周边的景观环境统一
	车行道		车行道路的铺装在规划设计时要具备良好的功能性，包括防滑，有足够的强度和稳定性，耐磨损，平整度好，有一定的粗糙度，易清洁等；此外，在设计时还需考虑到车行道的宽度设置，以便调节车流

设计元素		图例	设计要点
铺装	步行街道		步行街道主要供人通行或用于集散人流,并限制机动车行驶,其铺装设计要求具有一定的强度、弹性、耐磨性、防滑性以及舒适性,并且应当较为美观、整洁、易清扫、便于排水
	停车场		停车场的铺装较为平整,要求具有比较强的承载力和抵抗变形能力,可选择厚的混凝土砌块、透水沥青以及透水混凝等作为铺装材料;同时停车场的铺装还需使地面富有变化,具备色彩和趣味性
绿化	车行道分隔绿带		车行道上的分隔绿化带要满足交通安全的要求,不可影响司机的视线,同时绿化带要能与整条街道的植物配植相搭配,在设计绿化带时可依据植物不同的线条、色彩等,将其进行分类,由此来丰富街景
	行道树绿带		行道绿化带是指车行道与人行道之间种植行道树的绿化带,设计绿化带时首先就要考虑所种植的树种是否能够适应当地的生存环境;此外,行道树旁还需设立树池,以减少踩踏,保护行道树生长
	人行道绿带		人行道绿带设立的目的是为了将人行道与嘈杂的车行道分隔,在设计时可利用地锦等藤本植物做墙面垂直绿化,还可设置与之相配的花卉来丰富人行道,营造一种宁静、舒适的气氛
	交通岛绿地		交通岛绿地的设置要考虑到车流量和司机驾驶时的可视范围,植物的高度不可超过 700mm,一般多以嵌花草皮花坛为主或以矮灌木组成的图案花坛为主,既能起到绿化的作用,也不影响视线
交通设施	交通标志		街道中的交通标志设计既要具备一定的图形化特征,同时还需具备一定的法律意义;所设计的交通标志应该美观、直接,可在标准规定基础之上,利用自然化、本土化的设计手法,对其进行创新

设计元素		图例	设计要点
交通设施	护栏		步行街道主要供人通行或用于集散人流，并限制机动车行驶，其铺装设计要求具有一定的强度、弹性、耐磨性、防滑性以及舒适性，并且应当较为美观、整洁、易清扫、便于排水
	照明		停车场的铺装较为平整，要求具有比较强的承载力和抵抗变形能力，可选择厚的混凝土砌块、透水沥青以及透水混凝等作为铺装材料；同时停车场的铺装还需使地面富有变化，具备色彩和趣味性
	服务设施		街道中的交通标志设计既要具备一定的图形化特征，同时还需具备一定的法律意义；所设计的交通标志应该美观、直接，可在标准规定基础之上，利用自然化、本土化的设计手法，对其进行创新

注：城市街道的线性设计必须要考虑到街道的功能、平面线性与纵断线性的融合，并要确定其所属地形地貌能与周边的环境相协调；此外，设计的街道还需顺畅连续，需具备良好的可预知性，能与周边的环境保持适当的比例；在进行城市街道的规划设计时可借助交通设施诱导视线，以保持线性连续性，还可通过绿化、小品等设计增加视觉变化感

★补充要点

城市街道规划设计方法

1.总体协调。总体协调的设计方法是指对街道的现状及形态进行整合，以协调整体的方式组织主要游路，这种设计方法多用于长度较短、现状较复杂、景观特色众多而不突出的街道设计。

2.分段控制。分段控制的重点是将城市街道划分为若干段落，划分依据是每个段落在街道现状、地形地貌、水文现状、自然资源、人文资源等方面的特殊性。

3.主题介入。使用主题介入的设计手法需要归纳各段落的景观特色，并提取出主要特色作为相应段落的主题，设计时要充分尊重、利用街道固有的环境条件和资源优势，与设计创意相结合，提炼出特色鲜明的主题定位。

4.重点设计。重点设计就是针对城市街道景观沿线上的重要节点进行详细设计，这种设计方法可以使相应景观节点较为精彩细致，应用这种设计手法必须在整体景观控制的指导下，才能达到统一性和协调性。

三、设计步骤（图6-13）

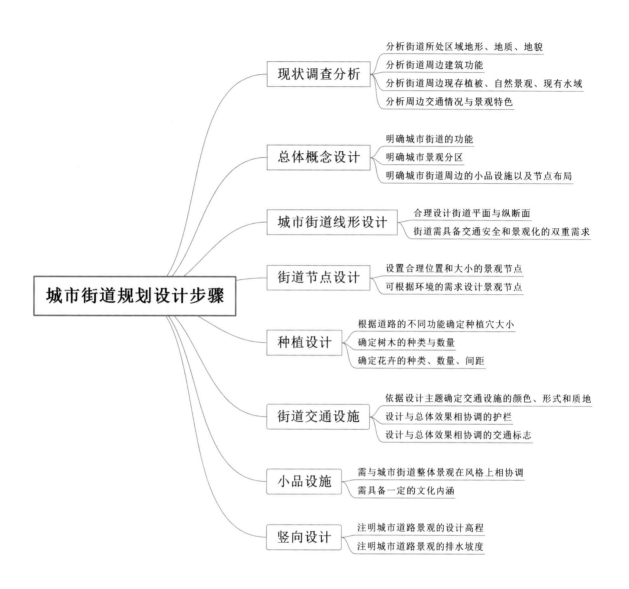

现状调查分析
　　分析街道所处区域地形、地质、地貌
　　分析街道周边建筑功能
　　分析街道周边现存植被、自然景观、现有水域
　　分析周边交通情况与景观特色

总体概念设计
　　明确城市街道的功能
　　明确城市景观分区
　　明确城市街道周边的小品设施以及节点布局

城市街道线形设计
　　合理设计街道平面与纵断面
　　街道需具备交通安全和景观化的双重需求

街道节点设计
　　设置合理位置和大小的景观节点
　　可根据环境的需求设计景观节点

种植设计
　　根据道路的不同功能确定种植穴大小
　　确定树木的种类与数量
　　确定花卉的种类、数量、间距

街道交通设施
　　依据设计主题确定交通设施的颜色、形式和质地
　　设计与总体效果相协调的护栏
　　设计与总体效果相协调的交通标志

小品设施
　　需与城市街道整体景观在风格上相协调
　　需具备一定的文化内涵

竖向设计
　　注明城市道路景观的设计高程
　　注明城市道路景观的排水坡度

城市街道规划设计步骤

图6-13 城市街道规划设计步骤

城市街道在设计时要分清街道的分类以及街道所要起到的作用，并依据需要进行设计，一般城市街道可分为快速路段、主干道、次干道以及支路。其中快速路段是为城市中、长距离快速机动车交通服务的道路，主干道是负担城市各区以及对外交通枢纽之间的重要交通联系，次干道是城市各区内的主要道路，承担集散交通的作用，支路则是城市一般街坊道路，在交通上主要起汇集作用。

第三节　城市广场规划设计

广场是由建筑、道路、山水等围合而成的公共活动场地，它具有良好的公共性、开放性、永久性以及历史性。

一、分类

按照广场的主要功能、用途以及在城市交通系统中所处的位置分类，主要可分为集会游行广场、交通广场、商业广场等，其中集会游行广场又可细分为市政广场、纪念性广场、生活广场、文化广场、游憩广场、交通广场及商业广场（表6-3）。

表 6-3　　　　　　　　　　　　　　　　　　城市广场分类

分类	图例	设计细节
市政广场		市政广场一般应规划在市政府和城市行政中心区域，设计时应确保市政广场建成后能够具备良好的可达性和流通性，要能满足大量密集人流的集散工作；同时广场上以及广场旁的建筑物应呈现对称格局，以此来营造一种稳重的效果
纪念性广场		纪念性广场的规划设计应该要突出设计主题，设计既要能加强城市居民对所纪念对象的认识，同时也能为城市提供更多的社会效益；在规划设计中可依据广场的大小来选择广场主体纪念物的大小尺度、设计手法以及具体的制作材料
生活广场		生活广场的规划设计要能满足城市居民的户外活动要求，同时还能为城市居民提供学习以及健身的场所，所设计的风格要能符合城市居民的审美；此外，生活广场还需注重绿化的设计，以便能创造更舒适、和谐的户外环境
文化广场		文化广场的规划设计要参考城市的历史发展过程，设计的主题要具备一定的文化内涵，要能使城市居民感受到历史的魅力，同时能缓解城市居民的工作压力，缓解其精神疲劳，在提高城市居民精神品质的同时还能增强城市特色
游憩广场		游憩广场主要以休息、娱乐为主，在进行规划设计时，要保证游憩广场能够为城市居民提供休憩、游玩、演出以及举行其他娱乐活动的功能，同时还需具有一定的安全保障功能和观赏性，可在广场中设置一些景观小品或水景、雕塑等，丰富广场内容
交通广场		交通广场在规划设计时要具备交通、集散、联系、过渡以及停车的功能，要确保人车互不干扰，可设置相应的天桥和地下通道，合理地对停车场进行规划布局

分类	图例	设计细节
商业广场		商业广场要具备贸易以及提供购物的功能，同时还需具备一定的美观性，内外建筑空间之间必须相互渗透，整体组成一个环形设计，以便消费者进行消费活动

图6-14 生态化的广场

在进行城市广场的规划设计时应当遵循生态规律、生态进化规律、生态经济规律以及生态平衡规律，因地制宜，合理布局。

图6-15 软硬结合的广场

城市广场的设计不仅要考虑到硬质景观，同时还需多重视软质景观在设计中的作用。设计必须从城市生态环境整体出发，努力创造出优美、舒适的可持续发展的生态环境体系。

图 6-14 | 图 6-15

二、设计原则

1.生态性原则

城市广场的生态性原则主要体现在两方面：一是利用中国传统造园手法，将自然生态环境与后期景观特点相融合，使城市广场具备一种自然美；二是多方面考虑使城市广场的生态环境具备合理性，可增强广场的植被覆盖率，做好微气候调节，提高城市居民的公共舒适度（图6-14、图6-15）。

★小贴士

生态设计

生态设计主要包含两方面的含义：一是从保护环境角度考虑，减少资源消耗、实现可持续发展战略；二是从商业角度考虑，降低成本、减少潜在的责任风险，以提高竞争能力。

2.多样性原则

城市广场设计应遵循多样性原则，这主要体现在广场的功能趋向于多样性，能够满足城市居民越来越高的要求。其次是在使用性质上愈加多样化，即居民可以在广场中举办大型活动，也能进行沟通、休憩等隐私性活动（图6-16）。

3.地方特色性原则

城市广场的地方特色性原则主要是指设计要突出城市广场的个性，在广场的空间划分、功能分区、植物种植、铺装形式、水景模式以及小品布置等，都要结合广场所处地区的风俗文化及地理特征。

在进行广场的规划设计时应当结合当地的人文资源和地质资源，设计出富有历史内涵、文化气息和地质特色的景观雕塑以及广场建筑，此外，在广场的整体布局上还需考虑到与城市周边建筑的和谐性与统一性（图6-17）。

图6-16 多样化的广场

图6-17 具备地方特性的广场

图 6-16
图 6-17

城市广场的多样性还体现在居民参与的随意性和广场形式的丰富性上，这使得城市广场在未来能够具备更强的便捷性以及更好的施工效益。

城市广场设计应当延续城市的历史文脉，尽可能地采用本地特色的建筑艺术手法和建筑材料来进行建筑以及小品的建设，并应适应地方风情、民俗文化，突出地方建筑艺术特色。

三、设计要点与步骤（图6-18、图6-19）

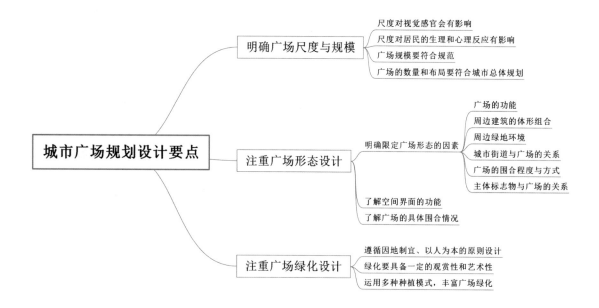

图6-18 城市广场规划设计要点

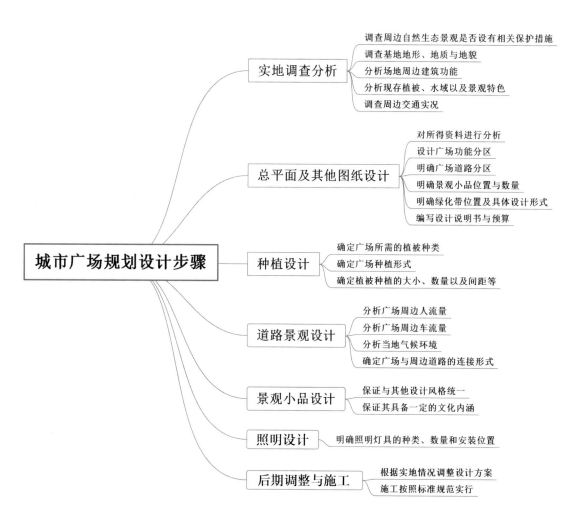

图6-19 城市广场规划设计步骤

第四节　风景旅游区规划设计

风景旅游区作为公众进行旅游活动的主要场所，不仅是旅游发展的基础，更是聚集人气的核心载体。因此，只有做好风景旅游区的规划设计，才能够更好地为打造综合型旅游项目提供有力支撑，才能够促进区域旅游大发展，引导和推动区域旅游业的整体发展（图6-20）。

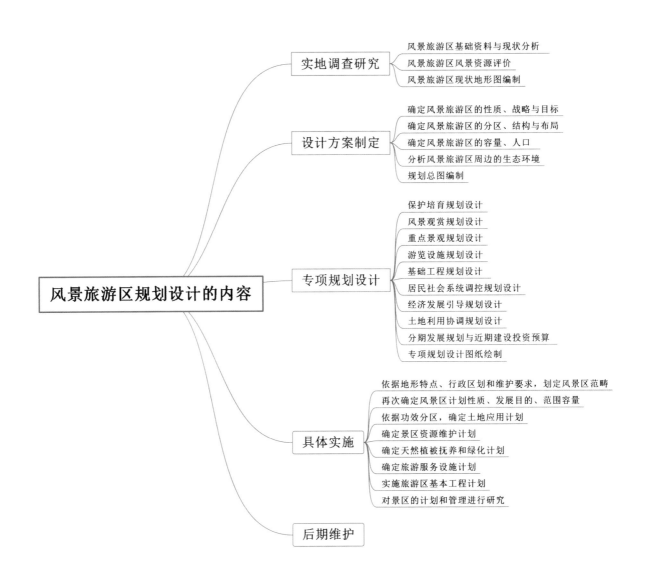

图6-20 风景旅游区规划设计内容

一、设计原则

1.保护环境原则

风景旅游区的规划设计必须以保护环境为设计前提，在设计时必须充分展现当地风景资源的自然特点和文化内涵，强调回归自然，防止人工化、城市化和商业化（图6-21）。风景区的旅游资源是大自然留给人类最宝贵的遗产，具有很高的科学价值、美学价值以及历史文化价值等。这些资源具有无法复制的美，但同时这些资源又都具有脆弱性，易遭到破坏，且破坏后无法恢复。因此，在进行风景旅游区的规划设计时，必定不能破坏该区的自然生态环境，一切均要以生态平衡为基础。

风景旅游区的规划设计要以维护为主，开发为辅，在设计时必须要明确自然生态环境才是旅游资源存在的基础，没有良好的生态环境就没有良好的自然风景和较高的旅游价值。此外，所设计的风景旅游区还需提供优美的风景、清新的空气、繁茂的森林、和煦的阳光、湛蓝的天空以及幽幽的鸟鸣等，以创造一个舒适而又自然的环境为最终设计目标，达到人与自然共存的目的（图6-22）。

图6-21 遵守保护环境的原则

图6-22 开发与保护相结合的旅游

图 6-21
——————
图 6-22

风景旅游区的规划设计必须要在环境所能承受的范围之内，在设计时必须考虑到对各种资源的保护以及对生态环境的维持。

风景旅游区的规划设计应体现出自然美与人工美的和谐统一，营造一个和谐的观赏环境，使旅游区既具有现代社会所有的科技感，同时还能具备景区环境所需的自然生态感。

图6-23 卢沟桥文化旅游区

卢沟桥文化旅游区以纪念雕塑为主，是一个集历史、文化、艺术以及革命传统教育于一体的景区，该景区的规划设计深刻贯彻了文化保护的原则。

图6-24 黄山风景旅游区

黄山风景旅游区内山岳众多，其规划设计保留了当地的人文历史特点，设计时充分结合了当地的自然环境和气候条件，因地制宜，并依据历史文化资源特色进行了具体的规划设计。

图6-23 | 图6-24

2.可行性原则

风景旅游区在规划设计时还需遵循可行性原则，即必须确保该风景区的可实施性，设计必须要做好相关的专业规划，要查找资料，并进行实地考察，依据景致资源价值，划分功效分区，在合理开发和科学管理的基础之上对风景旅游区进行具体的设计工作。

3.文化保护原则

对于具有历史魅力以及考古价值的风景区，在进行具体的规划工作之前必须先进行实地考察，要对当地的历史资源进行分类，并在确保风景区名胜资料真实和完整性的基础上，调整风景区设计方案，因地制宜，实行文化保护原则（图6-23、图6-24）。

4.商业转化原则

为了确保风景旅游区的长期发展，在规划风景区时还需使其具备商业化的功能，这也为风景区的后期维护提供了经济基础。在设计时要将各种发展需求考虑在内，并根据资源的主要性、敏感性和合适性，统筹全局，从根本上解决经济开发与生态发展之间的问题，以达到资源持续利用的目的。

5.安全维稳原则

风景旅游区的开发不能牺牲周边的社会安定，设计时要运用整体性原则，让风景区的自然、社会、经济效益达到最完美的统一。其所遵循的安全维稳原则：一是体现在大环境的稳定上，二是表现在风景区内的设备、设施要具备安全性，且要确保游客的人身安全。

此外，在进行风景旅游区的规划设计时还要充分考虑地域文化的保护与发扬以及交通路线的选择、旅游资源的进一步挖掘和旅游形象的创立等，以便能更完善地进行风景旅游区的规划设计工作。

二、设计要点（图6-25）

风景旅游区规划设计要点

以人为本
- 在前往和离开景点的路线上设置标志系统
- 设置导游图或示意图
- 为游客规划不同的旅游路线
- 设置人性化的辅助设施，如卫生间
- 设置休闲娱乐设施以及用餐设施
- 具有良好的交通条件
- 设置明显的环保标志、投诉电话等监督标志
- 设置有形和有特色的建筑，增强游客的体验感
- 设置避雨遮阳场所，增强游客的舒适感

考虑特殊对象
- 设立详细的文字说明，方便听力障碍者
- 设置盲文，方便视觉障碍者
- 设置无障碍通道、卫生间和电梯等
- 为婴幼儿设置必要的生活设备和游乐设施

保证游客的安全
- 消除治安隐患，设置急救电话与急救设施
- 定期检查设施安全隐患
- 建立安全标志系统

景区要具备美观性、协调性和实用性
- 服务设施的格调、颜色、大小、造型要与环境相协调
- 人工美和自然美统一
- 利用现有资源营造景点的多样性
- 合理规划景点内可盈利设施，使其创造收益
- 发挥资源的综合使用价值
- 符合商业目标市场需求
- 设计要结合当地文化特色

图6-25 风景旅游区规划设计要点

★补充要点

风景旅游区的设计方法

1.合理利用生态理念。在规划风景旅游区时首先应注意选址，一般会优先选择风景秀丽、自然资源丰富的地区。因此在设计时就应考虑景区开发与自然生态之间的平衡关系，必须将人文景观和自然景观协调地融合在一起，才能达到更好的设计效果。

2.设计应符合游客需要。风景旅游区的规划设计要能满足游客的心理需求，要能创造一个闲暇、悠闲的生活环境，在设计时应当注重风景区交通、路面、公共场所、住宿设施、餐饮设施以及相关游乐和服务设施的建设。

3.设计应有确定的主题。一个明确且有特色的主题能为风景区带来更大的经济效益，这表明风景旅游区在规划设计时应当结合当地的文化资源和自然资源，选择一个方向作为设计主方向。风景区内的所有建设设施都应符合该主题的设计要求，并能与之相协调。设计还可突破季节的限制，发展多功能的风景旅游区，以此丰富风景区的内容与形式，以吸引更多的投资，进而完善风景区。

图6-26 具备综合性的私家庭院

在规划设计私家庭院的娱乐休憩设施时应考虑到不同年龄阶段使用者的需求,例如,有老人和小孩的家庭可设置座椅与凉亭;年轻人居多的家庭可设置游泳池与烧烤台等。

图6-27 植物配置协调的私家庭院

私家庭院属于景观设计,设计需要考虑到植物的配置,受地域性限制,需要因地制宜,例如北方的冬季植物枯萎颜色单调,在设计之初应考虑到假山与木栈道等不会随季节变化的配置。

图 6-26
————
图 6-27

第五节　私家庭院规划设计

庭院是指建筑物周边或被建筑物包围的完整场地,庭院多与建筑联系在一起,设计创意应与建筑保持一致,庭院是建筑的户外延续,同时也是建筑的深化扩展。

一、设计原则

在私家庭院的创意过程中,关键在于提升庭院的美感,使庭院满足使用者的视觉审美。

1.综合性原则

私家庭院的规划设计不应仅仅停留在景观设计的基础上,更重要的是要协调好庭院设计与建筑风格之间的关系。同时设计还需参考使用者的个人喜好与功能需求,做到个性化设计(图6-26)。

2.多样统一原则

私家庭院在设计时要追求形式与风格的统一,同时造园的材料、色彩以及线条等也需统一,但要注意过分统一会使庭院显得呆板。因此,设计可在统一的基础之上追求多样化,这样也能很好地丰富庭院内涵。

3.简单原则

私家庭院在设计时要遵循简单的原则,这主要指庭院中景物的安排应当以朴素淡雅为主,简单的格局也能彰显庭院的大气和美(图6-27)。

二、设计要点

私家庭院在规划设计时要考虑到方方面面，不仅要分清设计的主次关系，同时还要考虑施工后的审美作用，了解私家庭院的规划设计要点，能帮助设计者更透彻与深入地进行设计（表6-4）。

表 6-4 私家庭院规划设计要点

设计要点	图例	设计细节
确定主体		在私家庭院的规划设计中，将1个元素或1组元素从其他元素中突出来，就产生了主体，主体设计元素是庭院空间中的重点与焦点，设计主体可选择具备吸引力的植物、花卉或具有特色和观赏性的假山石、水景或建筑构造等
统一主题		保持统一可以被看作贯串私家庭院设计的线索或主题，设计时可将建筑、景观、植物等都组合在一起，形成独立的连贯实体；在保持统一的同时还要注意避免单调，任何植物、构造、配景组合在一起，仅保持它们的某些特征为同一元素即可
适当重复		重复是指在私家庭院中反复使用类似的元素或有相似特征的元素，设计时可重复使用一些造型别致的绿化植物，整齐种植在庭院中的主通道地面或墙面，形成良好的审美感受，同时还可选择其他不同的植物、花卉，但要注意在多样与重复之间应该取得平衡
把握均衡		私家庭院空间要表现均衡，具体表现在庭院中各部位都应有观赏景点或使用功能；设计应在某一处装饰景点上也要保持形态、大小的平衡，无论是小型的植株，还是体量感比较强的建筑物，都必须满足均衡的设计条件，且两者可以相互衬托
掌控尺度		私家庭院中的比例与尺度由许多因素来决定，包括建筑、周围环境、占地面积等，设计应当控制好私家庭院中各要素之间的关系；例如，尺度过大的篱笆、围栏、墙会反过来影响庭院的空间感，而小尺度构造能提升建筑的体量感

★补充要点

私家庭院设计注意事项

私家庭院在设计时要注意把控好比例的问题，同时设计要具备一定的均衡感与韵律感，这些能使庭院的形象更立体。此外，私家庭院还要能营造一种自然美的意境，能够放松人的心神，给人一种舒适、恬静的感受。

三、设计元素

庭院的创意设计元素很多，一般应根据业主的喜好来定，常见的创意设计要素包括以下内容，在创意设计时可以根据需要将其组合在一起（表6-5、图6-28、图6-29）。

表 6-5　　　　　　　　　　　　　　　　　　私家庭院规划设计元素

设计元素	图例	设计细节
绿化		绿化种植是私家庭院中最常见的设计要素，绿化设计主要包括两个方面：一是各种植物相互之间的配置，要考虑植物种类的搭配，树丛的组合、构图、色彩等；二是庭院植物与其他要素，如山石、水体、建筑、道路等相互之间的组合效果
山石		山石在私家庭院设计中主要起稳固的作用，山石一般设于草坪、路旁，还可设于台、草坪上，既能标识方向，又能保护绿地；对于面积不大的庭院，可以选用1~2块形体较大的山石，摆放在庭院边角用于点缀；如果庭院面积较大，可将山石置于水岸边，营造出山、水呼应的效果
水景		在水景的设计上，可将水体的岸线设计成局部直线段与直角转折形式，也可依据庭院的地形特征设计成自然式；此外，水景设计形式还分动态水与静态水两种，动态水有急缓、深浅之分，静态水具有宁静的特征，一般用于面积较大的庭院中，依靠面积来凸出平静特征
构造		构造包括围墙、围栏、地面铺装以及小品建筑等，这些构造的形态、风格要与建筑相配，不能孤立存在，其中地面构造要选择合适的材料，立面构造包括穿廊、雨亭等建筑设施，设计时要考虑庭院的面积，不宜填塞太满，注意空间留白
色彩		私家庭院的面积对色彩的表现效果具有不可忽视的影响，一般色块越大，色感就会越强烈，在私家庭院中使用色彩，除小面积点缀色彩外，一般应降低纯度；此外还需注意色彩的主从搭配，并注意色彩的深浅度和冷暖度的应用等
边角空间		庭院的边角空间是指主要功能空间之间的衔接空间或剩余空间，设计应为其注入使用功能，并丰富边角内容，柔化其视觉效果，可选择合适的盆栽植物，既能柔化视觉，也能加强庭院的审美性，但要注意控制好盆栽植物的高度

设计元素	图例	设计细节
道路		道路是私家庭院中必不可少的一部分，主要可分为直线道路、曲线道路和自由道路；直线道路应具备大件家具通行的功能，曲线道路则应具备丰富的变化，能使庭院变得别致，自由道路则应注意控制其宽度，最窄应不小于200mm
景观小品		私家庭院中的景观小品主要包括饮泉、花盆、户外家具、照明、健身器材以及雕塑小品；其中饮泉的高度一般在800mm左右，花盆要具有独特的装饰形体，户外家具要选择不变形、不褪色的材料制作，照明则应做到避免炫光

图6-28 私家庭院一

私家庭院在设计时要保持韵律感，保持韵律感可通过重复、倒置以及渐变的方式来使庭院产生更好的视觉效果。

图6-29 私家庭院二

私家庭院的设计还可利用对比的形式来丰富其视觉效果，主要包括水平与垂直的对比，体形大小的对比以及色彩明暗的对比。

图6-28 ┃ 图6-29

★小贴士

水景设计细节

　　水景是强有力的设计元素，设计水景时，安全是首要问题。首先要考虑到儿童在无人照看的情况下会来到水景中，所以应选择浅水水景或带有护栏的小型水景。其次，在干旱缺水的地区设计水景应特别注意，水景中的水应设计为可持续循环利用的。如果可能应尽量选择非饮用水，尤其是庭院中的观赏喷泉最好利用循环水。

　　此外，水景设计与施工费用很高，施工工艺复杂，既要砌筑围合，又要制作防水与排水构造，还要连接电源启动水泵。后期维护费也相当昂贵，通常要定期进行水池清洁、消毒处理、维修保养。长期管理花费过高，应当慎重考虑，以保障最初设计与安装投入的有效性。

第六节　案例解析：广场与庭院景观设计

本节就城市广场与风景旅游区的规划设计来进行案例解析，借鉴其他优秀案例的优点，能够帮助设计师理解设计，做好设计。

一、满洲里套娃广场

1.背景介绍

套娃广场位于内蒙古呼伦贝尔大草原的腹地——满洲里，是中、俄、蒙三国交界地域，套娃广场又叫套娃景区，占地面积870000m²，是国家5A级旅游景区，是中俄边境旅游区的重要组成部分（图6-30、图6-31）。

图6-30 套娃景区

套娃景区内的套娃广场是全国唯一以俄罗斯传统工艺品"套娃"形象为主题的大型综合旅游度假景区，是以满洲里和俄罗斯相结合的历史、文化、建筑、民俗风情为理念，集吃、住、行、游、购、娱为一体的大型俄罗斯特色风情园。

图6-31 套娃广场鸟瞰图

套娃广场的主体建筑是一个高30m的大套娃，建筑面积约3200m²，是目前世界上最大的套娃，套娃广场已获得上海大世界基尼斯总部"世界最大套娃和最大规模异型建筑基尼斯纪录"。

图 6-30
图 6-31

2.实景分析（图6-32～图6-34）

图6-32 套娃-蒙古姑娘

广场中心有一个高大的套娃，是整个广场的主题套娃，主体套娃内部为俄式餐厅和演艺大厅，围绕其转圈，可以发现主题套娃有三个面，每一面绘制的套娃形象都不同，分别是蒙古姑娘、汉族姑娘和俄罗斯姑娘，这也寓意着蒙、俄、中三国和谐相处、互相融合的局面。三族姑娘的服装绘制以及人物细节及表情绘制都十分精致，典型而又美观。

图6-33 套娃-汉族姑娘

图6-34 树下的少女

二、私家庭院——露台花园（图6-35~图6-43）

轻薄材质制成的躺椅和座椅，自有一番悠闲的味道。

图6-35 休息区（一）

低矮的床具为住户提供良好的休憩环境，周边绿叶环境，尽显自然气息。

小羊雕像为庭院环境增添了更多的趣味性，使其不再单调、乏味。

图6-36 休息区（二）

沙发由软质皮革和硬质木材组合而成，但色调一致，使庭院具备了变化性的统一。

造型奇特的桌面摆件增强了庭院环境的艺术美。

图6-37 休息区（三）

绿色的低矮植株环绕在榻榻米周边，既能
有效丰富庭院的色彩，也能缓解观者的视
觉疲劳。

图6-38 绿化（一）

高大的绿色植株为休息区遮挡了一部分耀
眼的阳光，为庭院带来清凉的气息。

紫色的小花生长于绿植旁，交相辉映，为
满目的绿色增添了一抹惊艳之色。

图6-39 绿化（二）

一花一色，间距分明，这种盆栽式的植株
丰富了庭院的内容，美化了庭院的环境，
也陶冶了观者的情操。

图6-40 绿化（三）

为了确保用餐的舒适性，雨棚的安装非常有必要，它不仅能与庭院环境合为一体，同时也具有遮阳和遮雨的双重实用性。

木质家具能带来比较好的触觉和视觉体验，它们与绿植的搭配也十分养眼。

用餐区的照明不需要太过明亮，以舒适为主即可，可选择主灯与小型辅助灯搭配的模式。照明旨在营造一种浪漫的气氛，但必须保证基础照明，如人物的表情能清晰地表现出来等。

图6-41 用餐区一
图6-42 用餐区二
图6-43 用餐区三

图 6-41
图 6-42
图 6-43

本章小结：

所有的规划设计都必须遵循经济、实用、安全、科学、精致美观以及系统平衡的原则，在城市公园、街道、广场、风景旅游区以及私家庭院的规划设计中，应当将这几点原则得到充分的体现。在设计过程中，我们必须明确设计既是为公众服务，同时也是获取一定社会效益的双向过程，只有明确这一点，设计才能找准基点，才能在保持传统景观优质特点的基础上有所创新。

参考文献

[1]（德）乌菲伦编，梁楠译. 当代景观——水景设计. 南京：江苏人民出版社，2011.

[2]（德）德赖塞尔，格劳. 最新水景设计. 北京：中国建筑工业出版社，2008.

[3] 美国国家城市交通官员协会（著），凤凰空间. 城市街道设计指南. 南京：江苏科学技术出版社，2018.

[4] 凤凰空间·华南编辑部. 景观雕塑与小品. 南京. 江苏人民出版社，2012.

[5] 徐帮学. 庭院水景山石设计. 北京：化学工业出版社，2015.

[6] 唐剑. 现代滨水景观. 沈阳：辽宁科学技术出版社，2007.

[7] 朱文霜. 生态与绿化——景观设计理论与方法研究. 北京：中国纺织出版社，2018.

[8] 谢宗添. 城市公园景观规划与设计. 北京：机械工业出版社，2014.

[9] 程红璞，徐玉玲. 城市景观雕塑设计. 北京：清华大学出版社，2016.

[10] 苏雪痕. 植物景观规划设计. 北京：中国林业出版社，2012.

[11] 赵宇. 城市广场与街道景观设计. 重庆. 西南师范大学出版社，2011.

[12] 陈淑君，黄敏强. 庭院景观与绿化设计. 北京：机械工业出版社，2015.

[13] 刘金燕. 私家庭院设计. 福州. 福建科技出版社，2013.

[14] 文增. 城市广场设计. 沈阳：辽宁美术出版社，2016.

[15] 张馨文，高慧. 园林水景设计. 北京. 化学工业出版社，2015.